第1章　科学とは何か

西暦2020年を迎えた今、2010年代というものを振り返ってみると、特に我々日本国民にとって明るい話題であったのは、「ほぼ毎年のように日本人がノーベル賞を受賞していた」ことが一つ挙げられるのではないでしょうか。

2010年：　鈴木章・根岸英一（ノーベル化学賞）
2012年：　山中伸弥（ノーベル生理学・医学賞）
2014年：　赤崎勇・天野浩・中村修二（ノーベル物理学賞）
2015年：　大村智（ノーベル生理学・医
　　　　　梶田隆章（ノーベル物理学賞
2016年：　大隅良典（ノーベル生理学・
2017年：　カズオ＝イシグロ（ノーベル
2018年：　本庶佑（ノーベル生理学・医
2019年：　吉野彰（ノーベル化学賞）
　　　　　※敬称略。日本国籍以外の日本出身者も含んでいます。

文学好きでもある自分としては、是非カズオ＝イシグロの作品について語りたいところでもありますが、それはまたの機会に置いておくとして、こうして並べてみると、やはり科学分野での受賞が多いことに気付かされます。

毎年秋にノーベル賞発表があると、その後しばらくは、たとえばインターネット界隈（かいわい）でも受賞者の功績を中心に科学関連の記事をたくさん見かけます。もちろん真面目なものから半分ネタ目的の面白記事まで様々ですが、何にせよ科学というものに対する関心が広がるのは良いことだろうと感じながら、僕もまた楽しみながら読んでいる一人です。

考えてみれば、普段のニュースの見出しに「素粒子ニュートリノの振動を発見」や「細胞内のオートファジーの仕組みを解明」などと載っていたとしても、おそらく大半の人が軽く流してしまうのが実情でしょう。そういう意味でも、ノーベル賞のニュースというのは一つの良いきっかけだと言えるかもしれません。

特に現代科学は専門化・細分化が進んだために、分野外の人にとっては研究業績の内容や意義が伝わりにくいという弊害があります。それはつまり「人々と科学との距離が離れがちになる」ということでもあります。科学とは本来、ヒトという種が繁栄するための大切な手段であり、そして時代が進めば進むほど科学の重要性は増していくにも関わらず、それに反比例するかのように人々にとって科学研究はどんどん「なじみのないもの」「よくわからないもの」になっていってしまう。皮肉と言えば皮肉ですが、この現象は必然的なものです。文明進歩のある種の宿命とでも言うべき、避けられない流れであることを認める他ないでしょう。

しかしそんな現代を生きる我々だからこそ、「科学とは何だろうか」ということについて、時々あらためて思い返してみるということがとても大切なのではないかと思います。

科学とは何でしょうか。絶対的な正しさを備えたこの世の真理でしょうか。あるいは、曖昧（あいまい）で歪（いびつ）な人間の対極にある完全無欠の論理でしょうか。20世紀オーストリアの哲学者ルートヴィヒ＝ヴィトゲンシュタインは、著書『論理哲学論考』の中で次のように述べています。

> (6.371) すべての現代世界観の底には、いわゆる自然法則が自然現象を説明している、という錯覚がひそむ。
> (6.372) こうして人々は、あたかも古代の人々が神や運命の前でそうしたように、手に触れがたいものとしての自然法則の前にたたずむ。彼らは双方ともに、正しくもあり、間違ってもいる。ただし、古代人のほうが、そこに明瞭（めいりょう）な結末を認めているかぎり、現代人よりも、ずっと明瞭である。新しいシステムでは、あたかもすべてが説明されているかのように見えるけれども。
> 〈山元一郎訳（2001年刊）より抜粋〉

現代人は、ついつい科学を「絶対の真実」として盲目的に信じ、そして一方で「人間味のない冷たいもの」として、どこか異質な概念のように捉えてしまいがちです。ですが、それらはいずれも大きな誤解です。科学は決して絶対のものでもなければ、冷たいものでもありません。絶対ではないからこそ世の中の様々な“絶対”を乗り越えていけるのであり、そしてそこには人間的示唆に富んだドラマが多分に内包されています。

以下では、そういった科学の本質を我々に思い出させてくれるエピソードとして、科学史の中のいわゆる「天動説vs地動説」論争に焦点を当てて書いてみたいと思います。「そんなものはもう知ってるよ！」という声が飛んできそうですが、それでもヨハネス＝ケプラーという科学者の功績について語れるという人は意外と少ないのではないでしょうか。かくいう僕自身も、昔は「ああ、あれでしょ。みんなキリスト教のせいで天動説を信じてたけど、コペルニクスが科学に基づく地動説を唱えて、常識の大転換が起きたんでしょ？」程度の認識でした。しかし、これはほとんど誤解と言ってもいいレベルの不完全な科学史観です。これでは肝心の部分がまったく見えていません。実はもっと重要で面白い話が隠れているのです。

その話の中心となるのが、ヨハネス＝ケプラーです。物理学をかじったことのある人ならば“ケプラーの三法則”でおなじみでしょう。おそらく世界中の人々に「人類史上もっとも偉大な発見をした科学者は誰だと思いますか？」とアンケートしていけば、ニュートンやアインシュタインの名前が真っ先に挙がるでしょう*1。しかし、もし僕がそのアンケートを受けたら、あえてケプラーの名前を挙げるのではないかと思います。それほどまでに彼の発見は、科学というものを考える上での興味深い視点を与えてくれる気がするのです。

---

*1 英国ロイヤル・ソサイエティは2005年に「科学に最も貢献した有名な科学者はだれか」という趣旨のアンケートを会員および一般人に対して行いましたが、まずその選択肢がニュートンかアインシュタイかの二択でした。ちなみに会員は6割程度がニュートンを選び、一般票でも僅差でニュートンがアインシュタインを上回ったようです。ニュートンが英国人であることを差し引く必要があるかもしれませんが。

第2章　科学と宗教の違い

「地球の周りを太陽が回っているのか、太陽の周りを地球が回っているのか」と聞かれたら、現代人ならば誰もが「太陽の周りを地球が回っているのだ」と得意げに答えるでしょう。すなわち天動説は間違いで、地動説が正しいと皆が確信しているわけです。中には、神や宗教を根拠にして天動説を信じていた昔の人のことを「愚かだなぁ」と馬鹿にする人もいるかもしれません。

しかし現代人も、もし小さな子どもから「どうして天動説は間違いで、地動説が正しいの？」と聞かれたとき、きちんと説明できる人はどれほどいるでしょうか。おそらく大半の人は次のような回答を用意してしまうのではないでしょうか。「正しいものは正しいのだ」、「常識なんだから覚えなさい」、あるいは「科学でそう証明されたからだよ」と。これでは昔の人をまったく笑えないということにお気づきでしょうか。信じる対象が宗教から科学に変わっただけで、偉い人が唱えることをそのまま鵜呑みにして常識扱いしているという点では何の違いもないのです。

では、我々現代人は結局のところ“科学教”という宗教の信者なのでしょうか。宗教と科学は互いに代替物の関係でしかないのでしょうか。……決してそうではありません。なぜならば科学とは本来、宗教とはまったく異なるベクトルを秘めているからです。それは、ずばり「疑う」という一語に集約されます。宗教は信じるものですが、科学は疑うということにこそ本懐があるのです。

どういうことかというと、科学が提示するものはすべて真理ではなく仮説だということです。科学とは「これが正しい真理だ」と主張するものではなく、あくまで「こう考えると多くの物事がうまく説明できる」と提案することによって、擬似的な真理を体現する営みです。したがって本物の真理を欲するならば、その段階で安住してはならず、既存の仮説を疑わなければなりません。そうして「いや待てよ、むしろこう考えた方がもっと多くの物事をうまく説明できるんじゃないか」と発見できた時こそが、まさしく科学の発展と呼ばれる瞬間になります。

しかし新しく発見されたその仮説もまた、しょせんは擬似的な真理に過ぎません。宗教は最初に提示したものをホンモノと定め、それをひたすら信じ抜くことを人々に要求するのに対し、科学はニセモノを作っては壊し、作っては壊しを繰り返すことによってホンモノに近づいていこうとする試みなのです[*2]。

そしてそういった科学のあり方こそが、まさしく近世ヨーロッパにおいて天動説から地動説へ転回するときに人類が会得した方法論でした。古代ギリシャにおいて哲学の祖ソクラテスは“無知の知”を提唱しました。「知らないことを知っていると思い込んでいる人間より、知らないことを知らないと自覚している人間のほうが優れた存在である」と。つ

---

*2 宗教と科学のどちらのスタイルが優れているかというのは、一概に決めつけるべきものではありません。その人が置かれた状況や目的によって各々の有用性は変化するでしょう。しかし「世界のあらゆる現象を客観的に説明し、次に何が起こるかを正しく予測する」という営みにおいては、科学における“疑う”という過程が何よりも大切になってくるように思います。

まり自分がまだ真理にたどりついていないと認識するからこそ、もっと真理に近づこうと歩を進めることができるという、知的探究の重要性を説いたのです。しかしその後、万学の祖アリストテレスがあらゆる分野において知識を体系化し、その業績があまりにも大きかったため、人々はやがて「我々はもう真理を得たのだ」と既存の枠組の中に安住してしまうようになります。

天動説はまさにその代表だったと言えるでしょう。アリストテレスの世界観をもとにプトレマイオスが天動説を理論的に完成させ、そこにキリスト教思想も合流して、「地球は宇宙の中心である」という強固な常識観念ができあがってしまいました。その常識がようやく覆されたのが17世紀です。これは人類史において非常に大きな意味を持った出来事であり、「科学革命」と呼ばれます。ソクラテスが無知の知を説いてから2000年の時を経て、人類は再び「我々はまだ真理にたどりついてなどいなかったのだ」と自覚するとともに、既存の知を疑い続けることによって世界の真相へ近づこうとする近代科学という手法を確立したのです。

この“既存の知を疑う”という点を哲学思想として明確化したのがルネ＝デカルトです。有名な「我思う、ゆえに我在り（Cogito ergo sum）」とは、「もし世の中の全てが嘘だとしても、それらを嘘だと思っている自分の存在は嘘ではありえない。つまり自分の思考だけが唯一確実であり、我々は思考によってあらゆる知識を検証していかねばならない」という決意表明ということになります。今まで真理とは、神やキリストあるいはアリストテレスといった外的存在から教えてもらうものでした。しかしそうではなく、他ならぬ自分自身の内的思考によって真理を判断する、つまり「偉い人の言うことを鵜呑みにせず、自分で一から考えてみよう」と哲学の世界で言い放ったのがデカルトであり、それゆえに彼は「近代哲学の父」と呼ばれるわけです。

フランスのルネ＝デカルトとよく対にして語られるのがイギリスのフランシス＝ベーコンです。彼は経験哲学、つまり実験を繰り返すことによってその裏にひそむ法則性を探ろうという方針を打ち出し、こちらも後の自然科学の中で並々ならぬ存在感を示していくことになります。すなわち、17世紀の科学革命に対して思想的な面から貢献したのがデカルトとベーコンの二名であり、そうしてこういった風潮を背景にして、実際に天動説から地動説への移行を行い、現代へとつながる近代科学の基礎を打ち立ててみせたのが、コペルニクス、ティコ、ケプラー、ガリレオ、ニュートンという五人の科学者だったと言えます。人類史の転換点たる科学革命は、ここに名を挙げた七名、そして彼らに影響を与えたであろう何人もの哲学者や科学者たちの功績の積み重ねによって、ようやく達成されたのです。

しかし、ここで注意しなくてならないのは、新しく常識となった地動説もまた真理ではないということです。実際、地動説と連動する形で導き出されたニュートンの万有引力の法則、およびその計算式を与える古典力学は、その普遍性の高さゆえに「この世のあらゆる現象を記述する究極の理論」だと長らく信じられていましたが、現代物理学によってニュートンの運動方程式もまた一つの近似でしかないことが示されました。マクロな世界ではアインシュタインの相対性理論に、ミクロな世界ではシュレーディンガーやハイゼンベルクの量子力学に取って代わられます。ただ誤解の無いように言っておくと、ニュートンの古典力学はいわば万能ではないということが判明しただけで、人間が通常認識するレベルの物理世界では今なお現役であり、基本概念です。

そういう意味では、17世紀の科学革命と同規模のパラダイムシフトというのはいまだに起こっていませんし、今後もそうそう起こるものではないでしょう。つまりは「太陽の周りを地球が回っている」という認識も、将来科学が発展していく中で覆されるというのはかなり考えにくい事態です。しかし、もしもこの先だれかが宇宙のより多くの現象を、より簡単に説明できる理論を提唱することができれば、地動説やニュートン物理学が完全に過去のものとなる可能性もゼロではありません。「科学は絶対の真実ではない」とはそういうことです。だからこそ世界の真相をどこまでも追究していくことができるというのが科学であり、それは人間の知性に内包された根源的な哲学なのです。

第3章　地動説はなぜ正しいのか

ところで、「どうして天動説は間違いで、地動説が正しいの？」という子どもの問いかけに対しては、前章のようなことをそのまま述べてもかえって余計な混乱を招くだけでしょう。科学に関する概念的な議論はひとまず置いておき、それでいてなおかつ“科学では発想の転換が重要なんだ”ということを実感してもらえるような回答を返してあげたいものです。

結論から言うと、「惑星」の話を持ち出すのが一番スマートかなと思います。以下、理科の先生に対して生徒のＡ君が「なぜ地動説が正しいのか」と質問しに来たという状況を想定して、理想的だと思われる受け答えを書いてみたいと思います。

Ａ君「先生、どうして天動説が間違いで、地動説が正しいとわかったのでしょうか？」

先生「いい質問だね。Ａ君は夜空の星を観察したことはあるかな？」

Ａ君「本格的にしたことはないですが、ときどき星座を眺めたりします。オリオン座とか。」

先生「そうだね。夜空には星が輝いていて、星座が見える。そうしてしばらく眺めていると、星座は東の空から西の空へ、まるで円を描くように移動していく。昔の人もそれを見ていて、こう考えたんだ。“地球は世界の中心に静止していて、全ての星は地球の周囲を回っている”と。この考え方っておかしいと思う？」

Ａ君「いいえ。僕も地動説を教わらなかったらそう考えてしまうと思います。」

先生「そうだね。自分が止まっていて他が動いていると考える天動説は、本来ものすごく自然な考え方なんだ。ところが、『それだと変じゃない？』って思わせる何かが夜空にはあった。それは何かというと、実は“惑星の動き”なんだ。」

Ａ君「惑星って、金星、火星、木星とかですか？」

先生「その通り。夜空の明るい星はたいてい星座の一部なのに、惑星は星座になってないよね。何故かというと、惑星は星座との位置関係が常に変化するから。つまり惑星は他の星と完全に違った動きをするから、星座に含めることが不可能というわけだ。で、その動きというのがこれまた妙なんだ。惑星を毎日観察してみると、星座に対して少しずつ左に進んでいったかと思ったら、なんと今度は右に戻っていったりする。そしてしばらくするとまた左に進んで……というのを繰り返しながら、日が経つにつれてどんどん星座とずれていくんだ。要するに、あっちへこっちへとふらふら戸惑うようにして移動していく。だからこそ昔の人は、それらを“惑う星”という意味で惑星と呼んだんだ［図1］。」

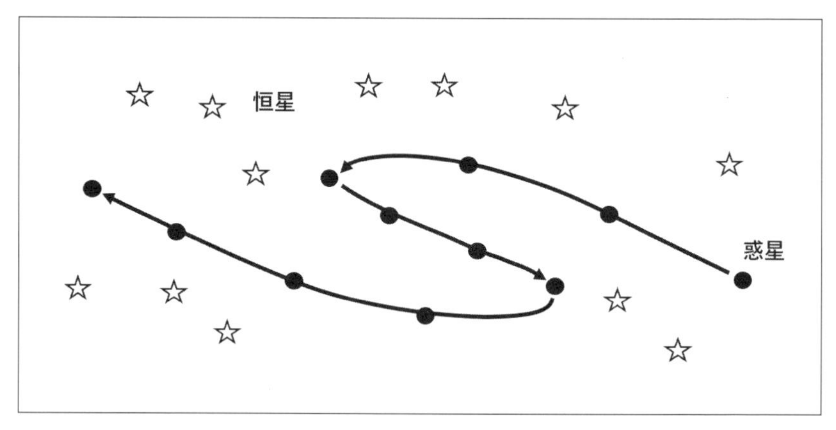

図1　夜空における惑星の逆行運動

A君「惑星の語源ってそういうことだったんですか。」

先生「いかにも。そして、この惑星の動きは天動説にとっては非常に厄介なものなんだ。なぜなら天動説は『地球を中心にして全ての星が円を描いて回っている』という主張だからね。結局、天動説で惑星のことを考慮すると、『ほとんどの星（恒星）は地球の周りをきれいに回っているけど、惑星だけは例外で、なぜか行ったり来たりの運動をする天体だ』っていう説明になってしまう。でもA君、きみはこの宇宙像でスッキリ納得がいく？」

A君「スッキリは……しないですね。やっぱり行ったり来たりというのは変な感じがします。」

先生「そういう感想になるよね。そして人類の歴史においても、A君と同じようにスッキリ思わなかった人たちが、やがて地動説を唱え始めたんだ。『地球が太陽の周りを回っていて、そして他の惑星もまた太陽の周りを回っているんじゃないか』と。そのモデルだと、地球と惑星との位置関係の変化によって、地球から見た惑星が行ったり来たりの動きをすることがちゃんと説明できる。つまり、惑星それ自体は変な動きなどしていなくて、太陽を中心とする円軌道上をきれいに進んでいるということになるわけだ。では、ここでA君に質問しよう。天動説と地動説［図2］、どちらのほうがスッキリする？」

A君「なるほど、地動説のほうが断然スッキリしますね。」

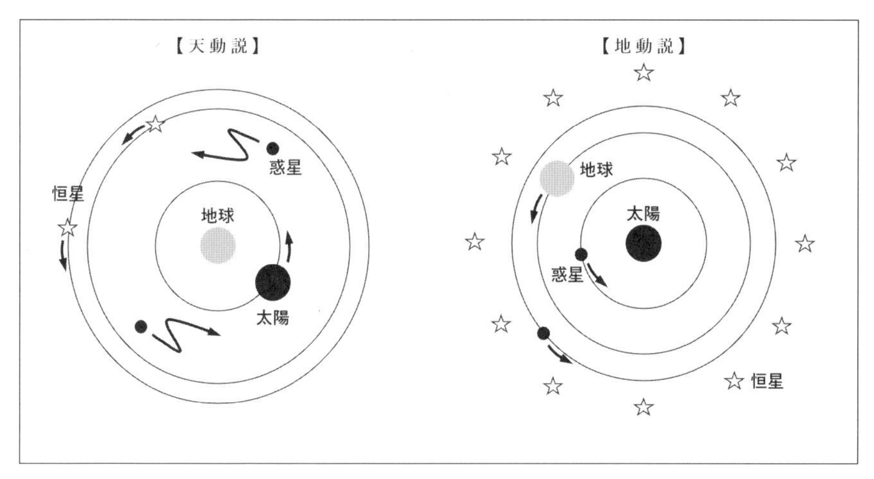

図2　天動説と地動説のモデル比較

先生「そうだよね。そしてこの会話において僕たちがたどった思考こそが、まさに科学の考え方なんだ。最初は天動説のほうが自然だよねという話をしていた。けれども惑星の動きという観察結果を得ることで、今までの天動説に疑いを持ち、そこから地動説というモデルにたどりつくことができたわけだね。ここからもわかるように、科学で最初に必要なのはまず観察だ。そして次に必要なのが、今までの考え方を“疑う”ということ。これが難しい。なぜなら人間は、一度正しいと思い込んでしまったら、どうしてもその先入観に縛られてしまうから。」

A君「日常生活でも、先入観のせいで大きな勘違いをしてしまったことが今まで何度かあります。」

先生「誰しもそういう経験はあるだろうね。そしてそれは悪いことばかりじゃない。先入観や常識に従うほうがうまくいく場合も多い。だけど、『何かおかしいぞ？』と感じたときに、自分の思い込みを疑うことができるというは、とても大切なことなんだ。科学は、まさにそういう人間の色々な思い込みを疑うことで発展してきた学問なんだよ。普段は教科書に書いてあることを覚えるだけかもしれないけど、A君のように『なぜ地動説が正しいのか』と疑問を持つことは素晴らしいことだと思う。また質問があったら何でも聞きにおいで。」

A君「わかりました。今日はありがとうございました。」

こんな感じになるでしょうか。本来なら、さらに「スッキリする説＝正しい説なのか？」という議論をするべきですが、向こうから突っ込まれない限りは、あえて触れる必要性はそこまで高くないかと思います。かえって話がややこしくなりますので。

正確には、「スッキリする説＝科学的に正しい説」ではありますが、「スッキリする説＝正しい説」ではありません。これは前章で述べた「科学は絶対の真理ではない」ということと通じています。たとえば目の前に、ボタンを押すたびに数字を表示する機械があったとしましょう。ボタンを一回押すと「1」と出ました。もう一度押すと「5」と出ました。さらに押すと「25」と出ました。ここで今得られた「1，5，25」という結果について二つの仮説を立てます。

【仮説①】最初は1から始まって、それ以降は前回の5倍の数を出したのだろう。
【仮説②】基本は毎回5なのだが、一回目は4引かれて1に、三回目は20足されて25になったのだろう。

見るからに①はスッキリしていて、②はちぐはぐだという感覚があると思います。ですが、①も②も間違いではありません。どちらも現状の「1，5，25」という結果を完璧に説明できている仮説なのです。しかも、この機械がスッキリした法則に基づいて数字を出すなどということは誰も保証していません。もしかしたら機械の中では②のちぐはぐな計算が行われている可能性だってあるわけです。

しかし、もしあなたが「この次に出る数字を当てたら1億円あげます」と言われたら、①と②のどちらの仮説にもとづいて予測するでしょうか。おそらく誰もが①のスッキリ仮説を選ぶと思います。なぜなら、②のちぐはぐ理論では四回目の数字が何かを正確に予測できないからです。科学においてスッキリする説が支持されるのは、つまりはそういう判断なのです。我々を取り巻くこの宇宙という機械もまた、きちんとした法則に基づいて現象を起こしているなどという保証は実はどこにもありません。ですが、人類は常に①のようなスッキリ仮説を採用することで、次に起こる現象がどういうものかを非常に正確に計算し、それによって1億円どころではない莫大な恩恵を獲得してきたわけです。

まさしくこの例において【仮説①】＝地動説、【仮説②】＝天動説と考えれば、「地動説は正しいとは限らないが、科学的には今のところ正しい」という感覚がイメージしやすくなるのではないかと思います。

ただし、この章で述べてきた内容だけ見ると、かつて天動説を主張していた人たちのことが、“ちぐはぐな仮説にひたすら固執しようとした愚か者”だったように思えてしまうかもしれません。実は、それこそが天動説vs地動説の論争に対して多くの現代人が抱いているであろう、最大の誤解なのです。

天動説は、そこまでちぐはぐな仮説ではありませんでした。上の例では便宜上、仮説②のほうに当てはめましたが、天動説のことをよくよく調べてみれば、仮説②の適当さと同一視するのは失礼極まりないと思えるほど、あまりにも精緻（せいち）に完成された理論だったということがわかります。そしてこのことを踏まえて考えたとき、「天動説vs地動説」論争において繰り広げられたドラマの真の姿がとうとう見えてくるのです。いよいよここからが本題となります。

第4章　天動説vs地動説の本当の物語

天動説から地動説への転換というのは、前々章でも述べたように、17世紀において「科学革命」という人類史の一大イベントを引き起こしました。ある意味で近現代科学の出発点とも言える最重要テーマです。にも関わらず、「なぜ地動説が科学的に正しいのか」という根拠について語られる場面というのは非常に少ないように感じられます。

というのも、これには明確な原因があります。「天動説vs地動説が、見かけほど単純な話ではないから」です。前章において、先生とA君との会話で「惑星が行ったり来たりする運動（＝逆行運動）をスッキリ説明できるのが地動説である」という趣旨を展開しましたが、これは実はかなり“不完全”な説明です。惑星の逆行運動が地動説にとって重要なきっかけになったことは間違いないですが、それだけではまだまだ地動説には軍配が上がらなかったのです*3。

この章では、地動説がなぜ正しいとされるに至ったのかに関する真相を、時系列を追いながらトピックごとに整理していきたいと思います。先ほども言ったように単純な話ではないのですが、段階的に述べていけば比較的わかりやすくまとめることができるのではないかと思っています。

■ 地動説を最初に唱えたのはコペルニクスではない

まずは、この事実をしっかり認識しておくことが必要です。世間ではよく発想を180度変えることを指して「コペルニクス的転回」という言葉が使われますが、そのせいで「人類ではじめて地動説を思いついたのがコペルニクスだ」と誤解している人も多いようです。しかし、これは大きな間違いです。

では地動説を最初に考えついたのは誰かというと、文献上は古代ギリシャのピロラオス（紀元前5世紀頃）だとされています。彼が本当に最初だったのかはわかりません（それより古い記録が失われてしまった可能性もあります）が、少なくとも古代ギリシャの時代から「地球が動いてるのでは？」という発想が既にあったことは確実だと言えます。

ただし、このピロラオスが唱えた宇宙論はやや特殊で、「見えない炎の周りを地球、太陽、星は、回っている」というものでした。これはある意味では現代の宇宙観（＝太陽系が銀河系内を回転し、銀河系の中心には目に見えない超大質量ブラックホールが存在する）との間に不思議な一致を示すものであり、ピロラオスが果たしてどのような根拠からこの結論にたどりついたのか、非常に興味深いところです。しかし文献には具体的な観察や考察といったものは示されておらず、科学というよりはむしろ単なる想像に近いものであり、言い方は悪いですが“何となく主張した内容がたまたま現代宇宙像と似ていただけ”だと、現状では判断せざるを得ません。

しかし、このピロラオスからおよそ百年後の古代ギリシャにおいて、典型的な地動説（＝つまり太陽が中心で、地球がその周囲を回っているという考え方）を、きちんとした計算によって主張する学者が出現します。その名はアリスタルコス（紀元前3世紀頃）といいます。天動説を唱えた万学の祖アリストテレスと名前が似ていますが、宇宙論の内容は正反対（天動説のアリストテレス vs 地動説のアリスタルコス）です。

---

*3 したがってA君には、会話の中で「実はもっと難しい理由があるんだけど、今はとりあえずこれで理解しておいて」と断っておくほうが良いかもしれません。

したがって人類で最初に、体系化された理論としての地動説を提唱したのは、このアリスタルコスだったと言っていいと思います。しかも、その過程が今の我々から見ても十分に納得できる論理性を備えていたという点に、学者としての彼の飛び抜けた洞察力をうかがい知ることができます。

■ 人類は1800年もの間、アリスタルコスの水準に達することはなかった

地動説の歴史は、古代のアリスタルコスから近世のコペルニクスまで、実に1800年の空白が存在します。逆に言えば、アリスタルコスは1800年先の科学を体現してしまったわけです。もちろん、長く続いた中世の時代が学問全般にとって停滞期であったということを考慮する必要がありますが、それを差し引いてもなお、彼の先見の明には凄まじいものを感じます。

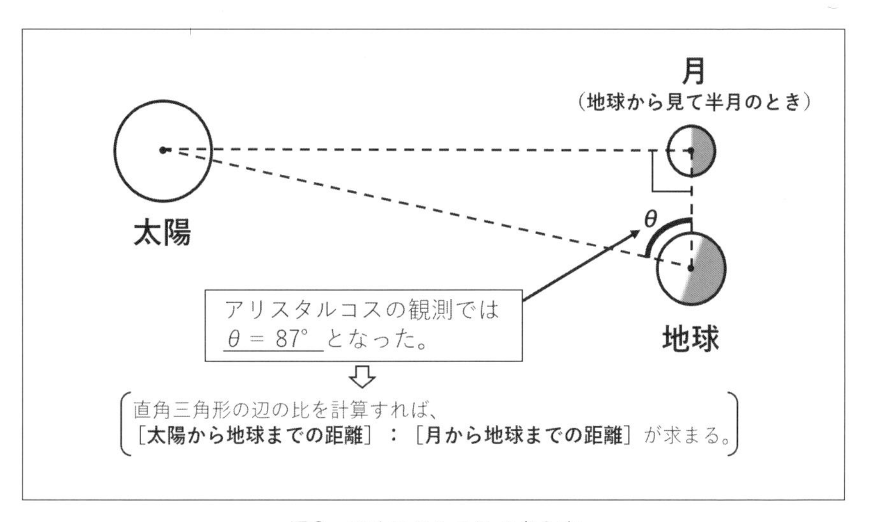

図3　アリスタルコスの考え方

アリスタルコスは『太陽と月の大きさと距離について』という著作の中で、次のような論を展開します。まず彼は「月の満ち欠けは太陽光が当たっている部分が明るく見えているから起こるのだろう」と見抜き、ならば半月のときは太陽・月・地球はちょうど直角三角形をなしているはずだと考えます。そしてそのときの月と太陽のなす角 θ（シータ）を求めれば、直角三角形の辺の比から「太陽までの距離：月までの距離」の比がわかるはずだと考え、実際に計算します。

彼の観測では $\theta = 87^\circ$ となりました。今の数学ならばちょうど $1/\cos\theta$ を求める計算になりますが、$\sin$（サイン）や $\cos$（コサイン）などの三角関数はずっと後になって発明される概念なので、当然ながらこの時代にはありません。彼はユークリッド幾何学のみを利用してこの値を何とか計算し、「約19倍である」という結果を得ます。そして地球上では太陽と月が同じ大き

さに見えるということは、距離の比＝直径の比であるはずだから、「太陽は月より約19倍大きい」と推定するのです[図3]。

さらに彼は月食をよく観察し、「月食の暗い部分は太陽光によってできる地球の影であろう」ということを見抜いた上で、その影の大きさから「月は地球の約1/3の大きさだ」と計算します。したがって先ほどの結果と合わせると「太陽は地球より約6倍大きい」ということがわかります。ここで彼はこのように述べます。「太陽は地球よりも約6倍も大きな天体だということがわかった。そして、小さくて軽い天体が大きくて重い天体の周りを回るほうが自然である。だから、おそらく太陽の周りを地球が回っているのではないか」と。こうして彼は地動説を提唱したのです。

現代の精密な測定技術では、$\theta = 89.8333^\circ$ であるため、「太陽は地球の約109倍大きい」「月は地球の約1/4の大きさ」という結果になり、数値はさすがに違うものになります。しかし、推定方法そのものは現代においても通用するものであり、何より「太陽が地球よりもはるかに大きい」という結論に論理的にたどりついたという点で、彼の業績はまぎれもなく天文学史上における圧倒的な快挙です。これを、まともな観測機器どころか三角関数すらない紀元前の人間が成し遂げたというのですから、もはや驚嘆以外の言葉が見つかりません。

しかも、アリスタルコスの偉業はむしろその後こそが本番なのです。「小さい天体が大きい天体の周りを回るほうが自然である」というのはあくまで直感であり、科学的考察とは言えません。しかし、彼はこの直感にしたがうことで地動説の可能性へと思い至ります。そして彼は「地動説ならば惑星の逆行運動がうまく説明できる」ということに気づき、地球と五つの惑星のいずれもが太陽を中心として回っているという宇宙像を完成させます。これは、まさしく今日我々が知るところの“太陽系”の姿そのものです（惑星の数は今のほうがもっと多いですが）。途中に直感をはさんでいるとは言え、地上から自分の目で観察できる結果をもとに一つひとつ推論を重ねていき、最後には太陽系の明瞭なイメージにまでたどりついたアリスタルコスの方法論は、ほとんど近代科学のレベルに足を踏み入れていたと言っても過言ではありません。

ところが、これほど正解に近づいていたアリスタルコスの地動説が、なんと人々からの支持を得られず、やがて皆の記憶から忘れ去られてしまうというのが、科学史の奥深さです。

■ 地動説には究極の問題点が存在した

アリスタルコスの評価がふるわなかったことは、本人にしてみれば残念極まりないことですが、言ってみればこれは必然の結果でした。なぜならこのとき、地動説にとって究極の“敵”が姿を現したからです。その敵の名は「年周視差問題」と呼ばれるものです。

年周視差がどういうものかはこのあと解説しますが、要するに「もし本当に地球が動いているなら、星の年周視差が観測されるはずである。しかし現実には年周視差は観測されないではないか」という指摘であり、これはまったくもってその通りなのです。アリスタルコスの地動説は非常に説得力のある理論でしたが、この「年周視差が観測されない」という強烈な一点をもって、古代ギリシャの他の学者たちから反論されてしまいました。

年周視差とは、簡単に言うと「星がブレること」です。もし地球が太陽の周りを一年かけて回っているなら、地球から見た星の位置は一年かけて微妙に変化するはずです*4。したがって、夜空を正確に観測すれば一年周期で星がブレるのが確認できるはずだ、というのが年周視差の考え方です。ところが実際には、当時の天文学者がどれほど注意深く観測しても、そのブレはまったく確認できませんでした。そして年周視差が確認できない以上、地球は宇宙の中心で止まっていると考えるほうが自然だという結論になってしまったのです。

アリスタルコス自身もこの問題を強く意識し、そして次のように予想しました。「年周視差はあるはずだ。ただ夜空の星があまりに遠い場所にあるために、年周視差が小さすぎて、人間の目では視認できないのだ」と。……実は、これがずばり正解なのです。年周視差は19世紀の精密な観測技術によってようやく証明されます。しかし当時のギリシャ人からしてみれば、それは苦しい言い訳にしか聞こえなかったようです。「いくら遠くにあるとはいえ、視差が目で見えないほど小さいなどということがあるはずがない」という考えから、アリスタルコスの地動説に対しては誰もが懐疑的になってしまいます。要するに、無限に近い宇宙の広さをイメージできなかったわけです。宇宙における距離感覚は、前提知識のある現代人でさえ想像を絶するレベルなのですから、古代の人々が受け入れることができなかったのも仕方がないと言うべきでしょう。

ともかくこのようにして、アリスタルコスの素晴らしい業績は、年周視差問題という強大な敵によって無効化されてしまい、1800年もの長い眠りについてしまうのです。そしてコペルニクスがその眠りを覚まし、地動説を復活させてからも、年周視差問題は再び科学者たちの前に立ちはだかり、人類を真実から遠ざけようとします。地動説の歩みは、天動説との間で繰り広げられた議論の歴史であると同時に、この「年周視差が観測されない」という絶望的な現実に対して、人間がどのように立ち向かっていったかという戦いの物語でもあるのです。

しかしながら、ここで再び古代ギリシャ人の考え方に戻ってみると、「年周視差が確認できない以上、アリスタルコスの地動説は信憑性が低いだろう。でもだからと言って天動説でいいのか？」となったはずです。やはり大きな課題となるのが「惑星の逆行運動」なのです。前章において先生とＡ君の会話で議論されたように、天動説モデルでは、惑星そのものが行ったり来たりの運動をするという非常にちぐはぐな世界観になってしまいます。

ところが、その後まもなくして天動説に大改良が施され、なんと天動説においても惑星の運動が無理なく説明できるようになってしまいました。これによって、「天動説こそが正しい」という風潮が確定的となり、その後の人類の歴史においても天動説優位の時代が長く続くことになるのです。

---

*4 同じ星を見るのでも、地球が太陽の右側にあるときと左側にあるときとで、その星を見る角度に差が出てくるからです。

■ 天動説でも「惑星の逆行運動」はきれいに説明できる

人類で最初に天動説を考えついたのは誰か、というのは非常に困難な問いです。おそらく有史以前から、人は夜空の星々を眺めながら「天が動いている」と感じていたのではないかと思います。文献上では紀元前6世紀頃の古代ギリシャにおいて、アナクシマンドロスという人物が天動説風の宇宙像を提唱したとされています。ただしこの頃はまだ大地が球体（地球）であるという概念がなく、彼の宇宙像は「平坦な円盤状の大地が宇宙の中心に浮いていて、その周りを星々が回っている」という、なかなかシュールなものでした。

やがて古代ギリシャ人は「どうやら大地は球体のようだ」と気づき、宇宙論にもそれを取り入れます。紀元前4世紀頃のエウドクソスは、地球を中心として、太陽・月・惑星・恒星がそれぞれ違った層の天球に散りばめられて回転しているという「同心天球」の概念を提唱しました。これがいわゆる天動説の始まりとして扱われる場合が多いです。そして、このエウドクソスの同心天球は、同じく紀元前4世紀を生きたアリストテレスの宇宙観の中に採用され、本格的な天動説として理論化されました。

このアリストテレスこそ、万学の祖として称えられる大哲学者です。西洋中世における学問はすべてアリストテレスの知識体系の上に成り立っていたと言っても大げさではないほど、絶大な影響を後世に及ぼしました。彼が宇宙モデルとして天動説を唱えたという事実が、その後の人類史を大きく決定づけたと言ってもよいでしょう*5。

のちにアリスタルコスが太陽と月の直径計算から地動説を主張したとき、学者たちからの支持が得られなかったのは、先述した「年周視差が確認できない」というのが最大の理由でしたが、それに加えて「あのアリストテレス先生が天動説で考えていたのだから天動説が正しいに決まっている」という風潮も、少なからず存在したのではないでしょうか。

こうして「天動説のアリストテレス vs 地動説のアリスタルコス」は、実際は論争にすら至ることなく前者の圧勝となります*6。

ただし、アリストテレスの天動説は「惑星の逆行運動をきれいに説明できない」という一点においてだけ、アリスタルコスの地動説に負けてしまっていました。これは当時の人々にとって大きな懸念点になったと思われます。ここで言う「きれいに」とはすなわち「円運動によって」ということです。古代ギリシャの学者たちは“円”こそが最も美しく完成された形であると考え、天体の動きもまた円運動であることを期待しました。ところが太陽、月、そして無数の恒星はすべて美しい円を描いて回っているように見えるのに、たった数個の惑星だけが、行ったり来たりの逆行運動をして円運動から外れてしまうのです。

---

*5 これは彼を責めているわけではありません。そもそもアリストテレスは地動説を唱えたアリスタルコスよりも百年近く前の人物であり、したがって彼の時代は地球が動いているなどという発想自体が候補に挙がらず、至極当然のこととして天動説を採用したのではないかと思います。

*6 古代に名を残している中でただ一人だけ、後者を支持した学者として、紀元前2世紀頃のセレウコスという人物が知られています。しかし逆に言えば、彼以外の学者は全員が天動説を支持したということです。

したがって、アリストテレスの天動説では惑星については例外とせざるを得ませんでした。ところが、アリスタルコスの地動説のように太陽を中心とする系で考えると、「惑星も太陽の周りを円運動している」という可能性が濃厚になるのです。完全なる“円”に秘められた美しさは人の心を魅了するものがあり、それゆえに地動説によって天動説の不完全さが浮き彫りになってしまったのはゆゆしき事態でした。「年周視差が観測されないのだから、ほぼ間違いなく天動説が正しいとは思うけど、天動説だと惑星の逆行運動だけはやはり腑に落ちない」というジレンマを皆が抱えることになるわけです。

こういった状況下で、まるで救世主のように現れたのがアポロニウスです。アリスタルコスの地動説の提唱からわずか数十年というタイミングで、彼はアリストテレスの天動説のほうに大きな改良をほどこし、それによって地動説を完全に退けました。改良の最大のポイントは、「周転円(しゅうてんえん)」と呼ばれる概念を導入することで惑星の逆行運動を説明してみせた点です。

すなわち、「全ての星は地球を中心として回っているが、特に惑星は円軌道上をさらに小さい円(＝周転円)を描きながら回っている」と考えたのです。この周転円を用いれば、天動説でもきれいな“円”の組み合わせだけで惑星の逆行運動の説明が可能になります。したがって当時の学者が抱えていたジレンマは解消されて、自信を持って地動説を却下することができ、天動説優位の時代が始まることになるのです[*7]。

ただ、天動説が結局は間違いだと知っている現代の我々からしてみれば、このアポロニウスによる改良は「なんという余計なことをしてしまったんだ……これのせいで人類は地動説から遠のいてしまったじゃないか……」と文句を垂れたくなるような出来事です。しかし、それは結果論です。また、もしアポロニウスが周転円を考案せず、人々がもっと早くに地動説になびいていたとしても、地動説を本当の意味で完成させることができたかは、正直に言うとかなり疑問です。

RPGなどダンジョンを攻略するゲームでよくあることの一つに、次のようなものがあります。すなわち、正解の道の先には最初の状態ではどうしても抜けられないトラップが用意されており、いったん不正解の道を行って何らかのアイテムを入手することで、ようやく正解の先へと進めるようになるというパターンです。天動説vs地動説の歴史は、まさにこれと同じなのではないかと個人的に思っています。

実際、このあと天動説はさらに発達して一つの精密な理論体系となっていきます。そしてこの理論にもとづいて多くの天体観測が行われ、宇宙現象に関する様々なデータが蓄積されていくと同時に、軌道計算の際に最も重要となる数学もめざましい発展を遂げます。

[*7] 厳密に言うと、実はエウドクソスやアリストテレスの「同心天球」でも惑星の逆行運動はそれなりにきれいに説明できます。が、説明できるのは惑星の“動き”だけです。惑星が逆行運動するときには“明るさ”も変化することが当時すでに知られていました。それは地球と惑星との距離が変化することを示しているのですが、「同心天球」ではその現象を説明することは不可能でした。「周転円」の導入によってはじめて、惑星の“動き”にくわえて“明るさ”(＝地球との距離)の変化も説明できるようになったのです。

こうして長い時間をかけて積み重ねた成果の一つひとつが、17世紀の科学革命を支える強固な土台となりました。

天動説は結果的には正解の道ではありませんでしたが、そこで得られた数々のアイテムは、正解の道を歩む上で決して無駄ではなかったのです。それをこれから詳しく述べていきたいと思います。

■ 天動説は“宗教”ではなく“科学”だった

天動説は先述したようにアポロニウス（紀元前3世紀）によって改良されたあと、ヒッパルコス（紀元前2世紀）の手も加えられ、さらに洗練されていきます。そしてその後、最終的に天動説理論を完成させたのが、2世紀のプトレマイオスです。一般的な認識として「天動説といえばプトレマイオス」というふうに語られることが多いですが、それは彼による天動説の体系化という功績が非常に大きなものであったことを示しています。

彼はアリストテレスの宇宙観を土台として、アポロニウスの「周転円」を取り込み、ヒッパルコスをはじめとする天文学者たちの成果を統合した上で、さらに「エカント」「離心円（りしんえん）」と呼ばれる新たな概念を導入することで、惑星の軌道計算の正確性をかつてないほどに高めました[図4]。これらの理論をまとめた彼の著書『アルマゲスト』は、まさしく古代ギリシャの天動説の集大成と呼ぶにふさわしい完成度であり、ちょうど幾何学におけるユークリッドの『原論』と同じように、中世の天文学における最高峰の学術書という地位を1000年以上にわたって保ち続けます。

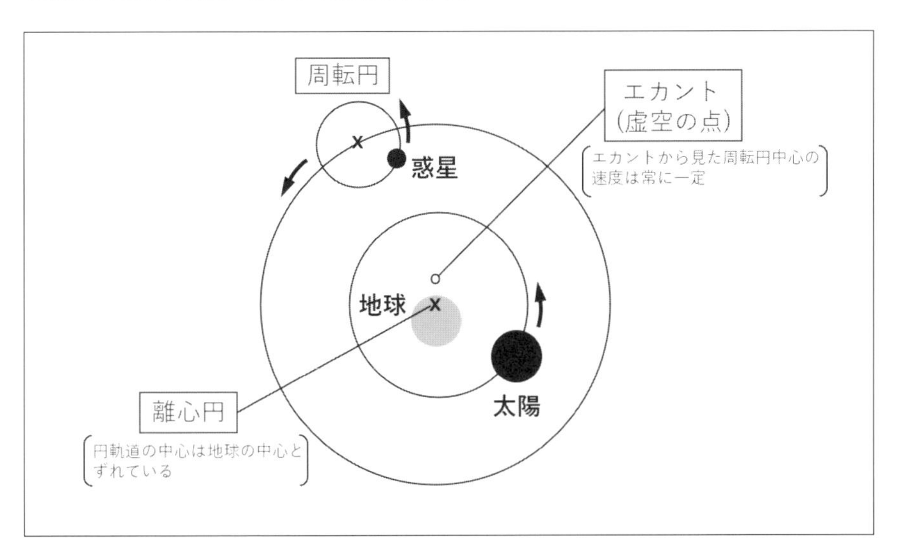

図4　周転円・離心円・エカントを導入した天動説モデル

「昔の人はキリスト教のせいで天動説を盲目的に信じていた」という論調をしばしば見

かけます。たしかにこれは部分的には当てはまるところもあり、100％の間違いとは言い切れません。ですが、この一文だけの認識で済ませてしまうと大きな誤謬が生じます。中世の状況について厳密に述べるならば、「天動説が圧倒的に支持されたのはキリスト教による影響も大きい。しかしキリスト教はあくまで要因の一つにすぎない」とするのが正解です。では、当時の天文学者が天動説を強く支持した理由は何だったかというと、主なものは以下の五点にまとめることができると思います。

【理由①】キリスト教やイスラム教の世界観と合致していたから。
【理由②】アリストテレス哲学にもとづいていたから。
【理由③】年周視差が観測されないから。
【理由④】鳥や雲が西方向に流されていかないから。
【理由⑤】天動説のほうが正確に星の動きを予測できたから。

大雑把に解釈するならば、これらは①／②③④⑤という区切りで捉えるべきで、前者が宗教的理由で後者が科学的理由ということになります。①にイスラム教を含めた意図については後述します。

一つはっきりさせておきたいのは、キリスト教の聖書にせよイスラム教のコーランにせよ、「地球が宇宙の中心であり、太陽・月・惑星が地球のまわりを回っている」という天動説を明示した記述はどこにも書かれていないということです。ただし天空と大地を対比する世界観において大地を“不動”とする記述は散見されますし、また信者の心理としても「神が創造した人間は特別な存在であり、ゆえに人間が住む地球もまた特別な場所である」という発想は容易に生じうるため、相性がよいのは間違いなく天動説のほうでした。つまり天動説は宗教内における直接的な教義ではなかったものの、宗教の世界観と合致していたために人々から無条件に信じられてしまったという面があるのは事実です。

また②のアリストテレス哲学についても「絶対の真理として無批判に信じられていた」という点では①と共通する部分があります。アリストテレス哲学は中世において宗教との親和性が高く、また彼の知識体系そのものが量においても質においても比類のないものであったために、どうしても権威化されがちでした。つまり“疑うことによって進歩する”という科学の特性を減じていた側面が確かに存在し、①の宗教とともに強い固定観念の形成を促したと言えます*8。

このように天動説に関しては、中世の人々がそれをどう享受するかという場面において“宗教”的側面が色濃く出てしまったことは否定できません。

しかしながら、このトピックで最大限に強調しておきたいのは、②～⑤といった非宗教的な根拠もきちんと存在していた、つまり天動説そのものはあくまでも“科学”理論だったということです。①ばかり意識していると、どうしても「天動説 vs 地動説」＝「宗教 vs 科学」のように捉えてしまいがちで、またこのほうがストーリー的に見栄えがすると

---

*8 もちろん本質的には宗教と異なるので、①／②③④⑤という括りには変わりありません。アリストテレス哲学が有する科学性については次トピックでまとめます。

いうのも、世間一般における誤解の元となっています。ですが本筋において大事なのはむしろ②～⑤のほうであって、たしかに宗教という要素は密接に絡んでくるものの、それでも基本は「天動説 vs 地動説」＝「古い科学 vs 新しい科学」だったのだという認識を持つことが、全体の見通しを良くする上でとても重要になってきます。

■ アリストテレスの考え方は中世のあらゆる学問の基礎となった

では、前トピックで挙げた②～⑤の科学的理由の内容について詳しく見ていきたいと思います。中でも②のアリストテレス哲学はプトレマイオス天動説の骨格をなしていると言ってもよく、③④⑤のような具体的な根拠につながる土台でもあるため、その概観をここできちんと整理しておきます。

まず、アリストテレスが何をした人なのかを一言で表現するならば、「物事を観察し、論理的に考え、知識を組み上げる」という学問方式の確立者である、ということになります。もちろんアリストテレスがいきなり一人でこれを始めたわけではないのですが、彼は古代ギリシャの哲学者たちの間で育まれてきた方法論をさらに洗練させて、形而上学・自然学（物理学、天文学、動物学、植物学など）・論理学・倫理学・政治学・文学といった多岐の分野において知識を蓄積し、膨大な著書の中にそれらを秩序立てて記述しました。

たとえば、古代ギリシャの時代には「大地は平坦ではなく球体（地球）である」という推測はすでに定説として支持されていましたが、アリストテレスは著書『天体論』の中で、この説が正しいと考える理由を明確に述べています。すなわち「北や南の地方でしか見えない星がある」、そして「月食時に月面にみられる地球の影が丸い」という観察的事実から、論理的に「地球は球体である」という知見にたどりついており、他の様々な分野の著作においても彼は同様の学問的態度を実践しているのです。

特にアリストテレスが傑出していた点は、人類の知識量をただ単純に増やしただけではなく、それらの断片的な情報を一定の解釈によって結びつけ、巨大な哲学体系を築き上げたということです。その中核的な解釈の一つが「四原因説」と呼ばれるもので、この世のすべての事物には“質料因（しつりょういん）”“形相因（けいそういん）”“作用因（さよういん）”“目的因（もくてきいん）”の四種の原因がそなわっているという考えでした。彼は自らの体系の中で第一哲学は形而上学（＝我々が普段イメージする「哲学」）であり、第二哲学は自然学（＝我々が普段イメージする「科学」）であると位置づけますが、それらは密接に関わり合っているとした上で、第一哲学と第二哲学の各々に対して「四原因説」による統一的な説明を試みます。

そして、第二哲学である自然学においては「四原因説」にくわえて「四元素説」という理論を導入します。これは、すべての物質は“土”“水”“空気”“火”の四元素で構成されているという考えであり、元々はエンペドクレスが提唱したのですが、アリストテレスが本格的に採用し、彼はさらに“エーテル”という第五元素をここに追加しました。エーテルは宇宙の天体を構成する元素だとしたのです。つまり「地上界（月より内側）は四元素で構成されていて様々な変化が生じるが、天上界（月より外側）はエーテルによって構成されていて永遠に不変である」という世界観を提唱しました。

さらにアリストテレスは、物体の運動を三種類に分けて、五つの元素をそれぞれに割り当てます。すなわち「宇宙の中心へと向かう運動」を行う傾向を持つのが“土”“水”で、「宇宙の中心から離れる運動」を行う傾向を持つのが“空気”“火”であり、そして「宇宙の中心のまわりを回る運動」を常に行うのが“エーテル”であるとしたのです。宇宙の中心とは地球の中心であり、一つ目の運動は我々が知るところの重力を彷彿とさせる概念です。ただしアリストテレスの運動論の特徴は、運動を“力によるもの”ではなく“何かを目指すもの”として捉えている点にあり、これは先ほどの四原因説の中にあった“目的因”と呼応します。つまり、この世の全ての存在は自分が本来あるべき場所に向かおうとする性質がある、というのがアリストテレス哲学の基本思想であり、これを「目的論的自然観」と呼びます*9。

天動説はまさにこのアリストテレスの世界観と強く結びついており、中世の天文学とは、月より外側のエーテルによって構成された各天体の運動を予測する学問でした。「四原因説」「四元素説」「目的論的自然観」は、やがて医学や化学（錬金術）においても取り入れられ、中世の諸学問を発展させていきます。現代の我々から見ると、こういった自然観はどうしても非科学的に感じてしまいます。近代科学の厳密性や客観性と比べると瑕疵が見受けられることも事実です。しかし、だからといって宗教と同じ括りにするのは正しい認識ではありません。なぜならアリストテレス哲学は「物事を観察し、論理的に考え、知識を組み上げる」という方法論によって積み上げられた理論体系であり、この学究的姿勢もまた、彼が中世の学問に残した大きな遺産に他ならないからです。

また、天動説には今の我々から見ても十分に科学的と思えるだけの正当性がありました。それが③の年周視差問題です。先のトピックでたどったように、アリストテレスからおよそ百年後のアリスタルコスが、まさしく「観察・論理・知識」という過程を忠実に実践して太陽と地球の直径比を求め、そこから地動説を主張します。しかし、この地動説もまた「年周視差がないという観察結果にもとづくと、論理的に考えて地球は宇宙の中心にある」という、きわめて科学的な理由によって却下されてしまったのです。年周視差問題は、やはり地動説にとって最大の壁であり、逆に言えば天動説にとってこれ以上ないほど強力な根拠でした。

さらに、天動説の体系化を成し遂げたプトレマイオスが『アルマゲスト』の中で触れているのが④の項目です。天動説では地球は静止していると考えますが、地動説では地球は自転と公転の二種類の回転をしていることになります。もし地球が西から東へ自転しているならば、宙に浮いている鳥や雲は常に西方向に取り残されていくことになるはずだが、実際にはそのような現象は生じていないので地球が自転しているとは考えにくい、というのが彼の指摘です。これはアリストテレスの運動論に従うからこそ成り立つ主張ではあります（ガリレオやデカルトの慣性の法則によって、地球が自転していても鳥や雲は影響を受けないことが判明します）が、当時としては十分に天動説を支持する材料になりえたでしょう。

*9 ちなみに近代科学以降は「機械論的自然観」です。

基本的には以上で述べてきたような理由によって天動説が優位となったわけですが、それによってより一層加速したのが⑤の要素でした。というのも、古代ギリシャで地動説を唱えたアリスタルコスは太陽系の構想を示しはしたものの、惑星の軌道を正確に計算するところまでは至っていませんでした。そしてその後ほとんど誰もアリスタルコスの説を支持しなかったために、地動説は実用性のない理論のまま放置され、まったく発展することができなかったのです。しかし一方の天動説は、アポロニウスの「周転円」、プトレマイオスの「離心円」「エカント」などの画期的な手法が次々と編み出され、さらに時代を経るにつれて観測結果にもとづく理論補正が加えられ、より高度な天文学モデルへと進化していきました。

アリスタルコスの著作『太陽と月の大きさと距離について』は現代まで残っているので、おそらく中世においてほそぼそと受け継がれ、実際に地動説の箇所に目を通した学者も一定数いたはずです。にも関わらず誰も地動説を唱えなかったのは、やはりその圧倒的な精度の差によるところも大きかったのではないでしょうか。仮に自分の手で地動説を改良しようとしても、天動説が何百年もかけて築き上げてきた体系には一朝一夕で追いつけるものではありませんし、さらにその先には年周視差問題という絶対の壁が見えているとなると、それはどう考えても分の悪い賭けでしかありません。

ところが16世紀になって、ある天文学者がついにその無謀な“賭け”に踏み切ってみせます。その人物こそが、ニコラウス＝コペルニクスです。「コペルニクス的転回」は今でこそ発想の転換の意で使われますが、実際のコペルニクス的転回において必要だったものは発想ではなく、それまで誰も選ぼうとしなかった危険な道をあえて進むという覚悟でした。このたった一人の人間の選択こそが、17世紀において人類が科学革命を成し遂げるためのかけがえのない一歩となったのです。

■ イスラム教によって古代ギリシャ哲学は守られた

さて、ここで一つ触れておきたいのは、「どうしてコペルニクスだったのか」ということです。もちろん彼個人の資質や環境の中に直接的な要因があったことは間違いないですが、ここではもっと大きな枠組みでとらえて、「どうして“16世紀”という時期の“ヨーロッパ”という場所において科学革命のきっかけが生じたのか」という観点を述べたいと思います。

前トピックおよび前々トピックでは中世の天動説についてまとめましたが、そこではあえてヨーロッパという単語を避けて書きました。なぜならば中世において天動説をはじめとする科学の発展を担ったのは“ヨーロッパ”と“アラブ世界”の両方であり、そして実はこのアラブ世界のほうがむしろ中心的であったからです。前々トピックの理由①にイスラム教を含めたのも、このことに由来します。

ここでは歴史の流れをより明確にするために、まずはヨーロッパの時代区分について大まかに以下のように整理します。科学技術的な視点から見るならば[C]の近世に科学革命が、そして[D]の近代に産業革命が起こり、ヨーロッパの文明が加速したことになります*10。

［A］古代＝ギリシャ・ローマ［～5世紀］
［B］中世＝封建制度の時代［5世紀～15世紀］
［C］近世＝絶対王政の時代［15世紀～18世紀］
［D］近代＝市民革命・帝国主義・世界大戦［18世紀～20世紀］
［E］現代＝ヨーロッパ統合［20世紀～］

もちろん「ヨーロッパ（キリスト教圏）」、「アラブ世界（イスラム教圏）」、「アジア（仏教圏）」のいずれに着目するかによって（この宗教区分もまた非常に大雑把ですが）上記の時代解釈は変化し、また各国家においても境界となる年代は前後します。ただし本稿では科学革命を扱う都合上、古代・中世・近世などの用語はどの章においても、全てここに示したヨーロッパの時代区分を意識した上で書いています。それは古代のギリシャ哲学と、近世の近代科学がいずれもヨーロッパにおいて開花したものであるためです。

しかしながら、勘違いしてはならないのは「ヨーロッパが常に科学文化の担い手だったわけではない」ということです。すなわち“古代のギリシャ哲学から中世を経て近世の近代科学へ”という流れは、ヨーロッパだけを見ていても一本の線ではつながりません。なぜなら中世ヨーロッパにおいては、あろうことか古代ギリシャ哲学そのものがほぼ完全に忘れ去られる「断絶」とも呼べる事態が生じたからです。その断絶の原因となったのは、他ならぬローマ帝国の崩壊でした。

そもそも古代ローマの文化は、古代ギリシャ文化をほぼそのまま継承していました。ローマの詩人であるホラティウスが「征服されたギリシャ人は猛きローマを征服した」という言葉を残したほどです。しかし、そのローマ帝国もやがて政治の混迷によって4世紀の終わりには東西に分裂し、5世紀には北方のゲルマン人からの襲撃を受けて西ローマ帝国が滅亡します。これが古代の終わりとなります。

そしてこの後のヨーロッパは混乱の時代となり、9世紀にフランク王国のカール大帝がかつての西ローマ帝国の領土をほぼ再統一した頃にはもう、古代ギリシャの遺産は完全に失われていました。代わりに「キリスト教を精神的支柱とする封建制の王国」というスタイルが成立し、フランク王国が分裂した後も各国においてそのスタイルは維持され、“王”“騎士”“農民”“教会”といった言葉でイメージされるような中世の国家体制が実現します。そこでは、学問と言えばすなわちキリスト教の神学のことであり、哲学や科学といった営みはもはや残っていませんでした。

しかし、ヨーロッパが手放してしまった古代ギリシャ学問を、まるでバトンタッチのように受け継いだのがアラブ世界です。7世紀にアラビア半島でイスラム教がおこり、やがて政治と一体化することでウマイヤ朝（7世紀～8世紀）、アッバース朝（8世紀～13世紀）という巨大なイスラム帝国が成立します。

*10 したがって、科学革命によって生じたのは厳密には近世科学と言うべきですが、原理そのものは近代科学と連続しているため、まとめて近代科学と呼ぶことが一般的です。

政情の安定により文化を享受する余裕があったこと、広大な領土において多様な人材が学問的交流を行えたこと、そして何より、イスラム教には「世界に関する知識を追究することは神の意思に反しない」という寛容性が非常に早い段階から存在していたことなどが強固な土台となって、彼らはアリストテレスをはじめとする古代ギリシャのあらゆる文献をアラビア語へと翻訳し、その哲学体系を継承するのみならず、より洗練された科学研究へと発展させていきます。これが「イスラム科学」と呼ばれるものであり、プトレマイオスの天動説も、このイスラム科学の中でさらに洗練されていくのです。

イスラム科学は古代ギリシャ哲学の延長に位置するため、科学革命以後の近代科学の歴史としては語られず、また近代以降の欧米中心世界観の影響もあって、その功績はほとんど顧みられる機会がありませんでしたが、今では多くの場で見直しが進められています[*11]。

天文学においてはアル＝フワーリズミー（9世紀）、アル＝バッターニー（9世紀）、イブン＝ハイサム（10世紀）、ウマル＝ハイヤーム（11世紀）、ナスィールッディーン＝トゥースィー（13世紀）、イブン＝シャーティル（14世紀）、ウルグ＝ベク（15世紀）らの名前が挙げられます。天文学者の多くは数学的な業績も大きく、ここに挙げた中でも、フワーリズミーは**sin，cos，tan**（タンジェント）の三角関数についての正確な数表を作り、バッターニーは球面幾何学の一種である球面三角法を確立しました。彼らはこうした新しい数学手法の開発によって、プトレマイオスの時代には求めることができなかった天文学上の様々な数値を計算することに成功します[*12]。

プトレマイオス天動説を含む古代ギリシャ哲学は、イスラム科学によるこうした数多くの改良や発展の成果を伴って、やがて再びヨーロッパへと帰ってきます。そしてそれは、中世ヨーロッパで大きく二回にわたって生じた「ルネサンス」という名の思想運動によって象徴されます。

---

*11 現代学問の中にも、イスラム科学の名残は所々に散見されます。最もわかりやすいものは“アラビア数字”でしょう。我々が普段使用している0，1，2，3，……（＝アラビア数字）の原型はインドで生まれましたが、のちにアラブ世界に伝播してイスラム科学において広く使用されました。やがてヨーロッパがこれを輸入し、アラビア数字は近代科学の複雑な計算を支える強力な武器となります。中世までのヨーロッパにはⅠ，Ⅱ，Ⅳ，Ⅸなどのローマ数字しかなく、たとえば1888のような数はMDCCCLXXXVIIIという冗長な表記になってしまうことを考えると、アラビア数字の導入は大きな効率化につながりました。

*12 ちなみに今日xやyの方程式を用いる手法を代数学（algebra（アルジェブラ））と呼びますが、これはフワーリズミーによる代数学書『Ilm al-jabr wa'l muqabalah』のタイトル中にある「al-jabr」が語源とされます。アラビア語における“al”は英語の“the”と同じような冠詞であり、また“jabr”は“移項”を意味しています。そして実は、天動説を体系化したプトレマイオスの著書『アルマゲスト』(Almagest）も、当初は「天文学大系」という意味のタイトルが古代ギリシャ語で付けられていたのですが、アラビア語に翻訳された際に『Kitab al-Mijisti』となり、のちにヨーロッパに再輸入されるにあたって後半部をそのまま、つまり冠詞のalごと取り込んでしまったがゆえの名称なのです。こういった面からも、古代ギリシャの学問が直接的に中世ヨーロッパに受け継がれたわけではないという歴史が読み取れます。

■ 二度のルネサンスは、キリスト教と古代ギリシャ哲学との段階的再会だった

我々が普段「ルネサンス」という言葉を使うとき、それはミケランジェロやレオナルド＝ダ＝ヴィンチらが活躍した14世紀～16世紀における古典復興運動を指すことが一般的ですが、実はルネサンスはその一回のみではなく、12世紀にも大きな古典復興があったということが、歴史学において既に定説として知られています。これが「12世紀ルネサンス」と呼ばれるものです。

さらにルネサンスは中世において他にも何度か生じていたことがわかっていますが、それら全てに言及していくと本筋がかえって見えにくくなってしまうため、ここでは割愛します。以下ではヨーロッパ史に与えた影響が特に大きなものとして、12世紀の「12世紀ルネサンス」と、14世紀～16世紀のいわゆる「ルネサンス」の二つに焦点を当てて論じていきたいと思います。

まず最も重要なことは、12世紀ルネサンスによってアリストテレス哲学（プトレマイオス天動説を含めて）がヨーロッパに甦（よみがえ）ったということです。そもそもの事の発端は、現在スペインやポルトガルが位置するイベリア半島が、8世紀以降はイスラム帝国の領土となってしまったことにありました。そのため、ヨーロッパ人は何とかしてイスラム勢力から半島を取り戻そうと、レコンキスタ（英語の“reconquest（リコンクエスト）”＝「再征服」に相当する語）と呼ばれる活動を何百年にもわたって繰り広げます。

そのレコンキスタの一つの節目となったのが、11世紀末のカスティリア王国（スペイン王国の前身）によるトレド征服でした。このトレドという主要都市に、イスラム科学の文献が大量に保管されていたのです。その中には当然のように、アラビア語に訳された古代ギリシャ哲学の書物も含まれていました。そしてこの戦利品を有効活用せねばという意図から、トレドを中心とする“大翻訳時代”が到来し、あらゆる文献がラテン語へと変換されていきました。これが12世紀ルネサンスを巻き起こします。

ラテン語はもともとローマ時代の公用語でしたが、中世初期の混乱によって統一性を失ったために、多様な口語ラテン語（スペイン語、フランス語、イタリア語など）が発達し、また北部ではゲルマン系言語（英語、オランダ語、ドイツ語など）が形成されました。しかし、キリスト教の聖書はかつてのラテン語訳のものが権威を持っていたことから、聖職者にとってラテン語は不可欠であり、当時ほぼ唯一の学問であった神学もまた必然的にそれで行われたため、ラテン語はヨーロッパ全土の知識人にとって共通言語となっていました。

そういった神学的要素で固められた知識人界隈に、12世紀に突如として古代ギリシャ哲学のラテン語訳がもたらされたわけですから、その衝撃は大変なものであったでしょう。神学と哲学をどう折り合わせるかで様々な議論が交わされたであろうことは想像に難くありません。やがてそれは、「普遍的なものは実在する」という実在論（＝キリスト教的）と、「普遍的なものは名目に過ぎない」という唯名論（ゆいめいろん）（＝アリストテレス的）との間における激しい論争の形で顕現化します。これを“普遍論争”と呼びます。

そんな12世紀ルネサンスの一つの集約とも言える成果を築いたのが、13世紀の神学者トマス＝アクィナスでした。彼はその著書『神学大全』の中で、キリスト教神学とアリス

トテレス哲学とをうまく整合させることに成功します。そしてこの後の中世ヨーロッパにおいて、アリストテレス哲学は「キリスト教の世界観に合致する思想」という認識となり、神学を支える理論的基盤として人々の間に広く浸透していきます[*13]。

こうして、一度はヨーロッパから忘れ去られたアリストテレス哲学は見事に復活を果たしたとともに、その網羅的な知識体系はやがて絶対視されるようになり、中世における強固な常識を形作っていきます。そしてアリストテレスの世界観に基づいていたプトレマイオス天動説も、それに連動する形で人々からの圧倒的な支持を集めていくことになったのです。

また12世紀にはヨーロッパの各地に大学が出現し、ラテン語に翻訳されたギリシャ・イスラムの知の遺産は、ヨーロッパの学生にとって必読の教科書となっていました。その中にはもちろん、プトレマイオスのあの『アルマゲスト』も含まれています。大学においては学問の種類も多様化し、「神学」「哲学」「法学」「医学」が主要学問とされ、さらには「算術」「幾何」「天文」「音楽」「文法」「論理」「修辞」の自由七科（リベラルアーツ）についても重視されるようになりました。アラブ世界にはまだまだ及ばなかったものの、この12世紀ルネサンスをもって、ヨーロッパでもようやく学問らしい学問が開始されたと言えるでしょう。

さて、そういった体制のまま中世という時代は長く続くわけですが、14世紀〜16世紀になると、ヨーロッパにさらなる転機が訪れます。これが普段我々がよく耳にするほうのルネサンスです。

「12世紀ルネサンス」と「ルネサンス」は、どちらもヨーロッパと古代ギリシャ哲学との再会であるという点では同じですが、前者は“天動説という花を移植する”活動であったのに対して、後者は“地動説の種が入った鉢植えを受け取る”という意義を多分に含んでいました。そして、この段階的再会が当時の社会状況の変遷と絶妙に絡み合うことで、ギリシャ・イスラムでは咲かせることができなかった地動説の種を、ついに開花へと至らしめるダイナミズムが発生したのです。

■ ある意味ではオスマン帝国がコペルニクスを生んだ

14世紀〜16世紀のルネサンスでは、哲学や科学といった学問だけではなく、絵画や文学などの芸術面においても古代ギリシャ時代の文化を復興しようという風潮が高まりました。これほどまでに顕著な古典復興運動がどうして生じたのかは、様々な要因が絡み合っ

---

*13 アリストテレス哲学のうち、とくに形而上学（第一哲学）の分野については、アラブ世界において11世紀のイブン＝スィーナーや12世紀のイブン＝ルシュドなどの学者たちによって研究され、極めて高度な解釈が完成していました。これを「イスラム哲学」と言います。イスラム哲学は、アリストテレスの自然学（第二哲学）を継承したイスラム科学とともに、中世アラブ文明の根幹として発展したのち、12世紀ルネサンスを通して再び西洋に伝えられました。トマス＝アクィナスもまたイスラム哲学の書物から大いに学んだとされており、特に『神学大全』ではイブン＝ルシュドの名前を挙げ、彼の学説を各所に引用しています。

ているので一概には論じきれないのですが、このルネサンスを史上最大の規模へと加速させた重大な歴史的事件が一つあります。それは“1453年にオスマン帝国（トルコ）によって東ローマ帝国が滅ぼされた”ということです。

古代においてローマ帝国が東西に分裂し、西ローマ帝国が滅亡して混乱の時代に入ってからも、実は東ローマ帝国のほうは存続し、独自のギリシャ風文化を守っていました（東ローマ帝国の領土内にギリシャがあったためです）。ただし、西ヨーロッパ諸国と東ローマ帝国ではキリスト教の流派が大きく異なった（前者はカトリックで、後者はギリシャ正教だった）ため、それが東西交流にとって大きな障壁となってしまい、結果として東ローマ帝国でひそかに保存されていた古代ギリシャ哲学が、西ヨーロッパにはほとんど伝わらなかったのです。

ところが、イスラム圏最大の勢力となったオスマン帝国の手によって、1453年にとうとう東ローマ帝国が滅んでしまいます。このとき東ローマ帝国内にいた多くの人間が、イスラム教の支配から逃れるために西ヨーロッパへと移住するのですが、この中に古代ギリシャ哲学に通じた優秀な学者が多く含まれていました。他ならぬ彼らの尽力によって、西ヨーロッパにおける古典研究は急激に活性化します。そして12世紀ルネサンスの頃には伝来しなかったような書物（つまりマイナーな本）までもが、15世紀になるとついにラテン語へと翻訳されたのです。そのうちの一つが、あのアリスタルコスが地動説を唱えた『太陽と月の大きさと距離について』でした。この著作の復活こそ、のちにコペルニクスが地動説へと至るための重要な伏線の一つ【伏線①】だったと言えるでしょう。

そしてもう一つ、ヨーロッパにおいて同時期に生じたのが“大航海時代”ですが、ここにもオスマン帝国が大きく影響しています。オスマン帝国が興隆して地中海の覇権を握りはじめることで、ヨーロッパは旧来の経済秩序では成り立たなくなり、それに代わる新たな海上交易路が必要となりました。また東ローマ帝国がイスラム教国に滅ぼされたというニュースはキリスト教国を震え上がらせ、彼らは「このままではキリスト教が地上から消えてしまうかもしれない」という危機感を募らせます。一方で、ヨーロッパの西端に位置していたスペインとポルトガルは、トレド征服以降も数百年続いていたレコンキスタがついに最終局面を迎えて、イスラム勢力の駆逐にほぼ成功し、強力な王権国家を形成しつつありました。そしてヨーロッパにおける上記のような事情を汲み取った上で、スペインとポルトガルは「よし、じゃあ俺たちの国力で大西洋の航路を開拓しよう」という方針を導き出したのです*14。

この“大航海時代”において死活問題となるのが、天文学です。遠洋航海は羅針盤の改良によって実現した面も大きいですが、羅針盤だけでは方角しかわかりません。四方すべてが海という状況で、自分たちが地図上のどの位置にいるのかを知るための唯一の目印は、夜空にまたたく星だったのです。すなわち、大航海時代において最も必要とされたのが「正確な星図」でした。ところがプトレマイオス天動説では、航海用の星図を作成する

*14 1492年にレコンキスタが完全終結しますが、同年にコロンブスがアメリカ大陸を発見したというのは、互いに無関係のことではありません。

にあたって、無視できないレベルの誤差が生じてしまうということに誰もが気付き始めます。もちろんイスラム科学の中では精度を高めるべく何百年にわたって理論が補正されてきたわけですが、それでもなお現実とのズレが出てしまうという状況を目の当たりにして、「どうも何かがおかしい」という漠然とした違和感が芽生え始めていたことも、のちのコペルニクス的転回へとつながる大きな伏線となりました【伏線②】。

こうしてたどってみると、16世紀にコペルニクスが地動説を提唱するに至る二つの主要な歴史的事情（【伏線①】と【伏線②】）のそれぞれに、オスマン帝国の存在がかなり強く影響していたというのは興味深い事実です。もちろん、こういった「風が吹けば桶屋が儲かる」的な現象は世界史において他にもたくさん起こっていますが、今回の話において特に注目するべきは、オスマン帝国がイスラム教の国家であったという点です。

そもそも、もしイスラム教が存在しなければ、ローマ帝国の終焉とともに世界から古代ギリシャ哲学は永遠に失われていたかもしれません。少なくとも12世紀ルネサンスは生じなかったでしょう。そしてオスマン帝国がなければ、ルネサンスや大航海時代もこれほどまでに顕現せず、ヨーロッパは後進国のままアラブ世界やアジアにおいて先に科学革命が起こり、そのどちらかが世界の覇権を握っていた可能性すらあります。実際には近代はヨーロッパの世紀となり、キリスト教は果たして全世界に広がりましたが、その流れの根本に実はイスラム教の存在が不可欠だったというのは人類史最大の皮肉であり、歴史のもっとも面白い点だと個人的には思っています。

■ 地動説の優位を決定づけたのはコペルニクスではない

ここからコペルニクスの具体的な功績について触れていきます。「コペルニクス的転回」という語の感覚から、まるでコペルニクスの鶴の一声によって人々の認識が天動説から地動説へ切り替わったかのようなイメージをついつい浮かべてしまいそうですが、実際のところ、彼が生きた16世紀の間はまだまだ切り替わりは生じませんでした。

「地動説を最初に唱えた」のでもなく、「地動説の優位を決定づけた」のでもなければ、じゃあコペルニクスは一体何をしたんだという疑問が生じますが、これに対する正しい回答は「地動説を天動説とほとんど同じレベルにまで引き上げた」となります。このように言うと地味ですし、どこか煮え切らないイメージになってしまうかもしれません。しかし非常に大きな功績でした。

コペルニクスは15世紀末のポーランドで生まれ、やがて同国のクラクフ大学（現在のヤギェウォ大学）に入学します。そこではじめて天文学に触れるのですが、このとき教鞭をとったのがアルベルト＝ブルゼフスキという優れた教授であり、彼はすでに天動説に対して懐疑的な意見を持っていたと言います。またその後はイタリアのボローニャ大学に留学し、そこでドメニコ＝ノヴァーラという高名な天文学者に師事するのですが、このノヴァーラ教授も黄道傾斜角と呼ばれる角度の観測を行い、プトレマイオスの理論に訂正が必要であることを指摘しました。こうした面々がコペルニクスに対して与えた影響は、間違いなく大きなものであったでしょう。

前トピックの【伏線②】で述べたように、大航海時代における天文学界では、完全に正確な星図を作るには現状の天動説では粗が目立つという点が問題視されていました。さらに中世の千年間で施されてきた改良によって周転円が何重にも増えており、その構造の複雑さに溜息をつきたくなるような難解な理論と化していました。上に挙げた両名の教授も、まさにこういった風潮の中で天動説モデルそのものへの疑惑を募らせていたと言えるでしょう。また星図だけではなく、当時使われていた暦も実際の日付との間にズレが生じており、これはキリスト教の祭礼暦にも直結するため、教会中心であった当時の人々の生活にとってみれば、より信頼性の高い天文理論を構築することは重要課題でもありました。

そういう状況下で、コペルニクスが可能性を感じた選択肢こそが“地動説”でした。前トピックの【伏線①】で述べたように、彼の時代にはすでにアリスタルコスの『太陽と月の大きさと距離について』がラテン語訳されていましたが、そこで唱えられている地動説は理論体系としては不完全であり、やはり誰にも顧みられることなく放置されていました。しかし、コペルニクスは「これに賭けてみよう」と思い立ったわけです。地動説にもとづいて天動説と同じくらい精度を高めた理論を完成させれば、天動説では超えられない壁を解決できるのではないか、と。

こうして、あのアリスタルコスが地動説を唱えてから実に1800年という時を経て、ついに人類史上に再び地動説が登場します。まず「コメンタリオルス」という同人誌の中で、コペルニクスは“地球が太陽の周りを回っている”という宇宙モデルを公にしました。そしてその後は30年以上にわたって地動説の研究を行い、死の間際の1543年に『天体の回転について』を出版します。この中に、彼が地動説に基づいて行った計算方法およびその結果が全て記されていました[*15]。

では、コペルニクスが『天体の回転について』で提示した地動説が果たしてどのようなものだったかといえば、それは「プトレマイオス天動説とは異なったモデルで、プトレマイオス天動説と同じくらいの精度が得られる」というものでした。

プトレマイオス天動説には「周転円」「離心円」「エカント」という手法が導入されていたことは先述した通りです。このうち、特にエカントは惑星の運動速度を説明するための画期的な概念だったのですが、計算が大変面倒になる上に、考え方そのものも“あまり美しくない”という点で中世の天文学者たちから不評でした。しかしコペルニクスの地動説は、このエカントを排除することに見事成功したのです。これは当時の人々にとって衝撃でした。今まで絶対的に正しいと信じられていたプトレマイオス天動説と同程度の結果

---

*15 ちなみに『天体の回転について』の「回転」の部分はラテン語で“revolutionibus”となっています。この言葉が人口に膾炙していく中で、やがて政治における「革命」の意味に使われるようになったのが、いま我々が英語で使うところの“revolution”です。要するにもともと天文用語だったものが政治用語へと変化していった例なのですが、後の時代になって、このコペルニクスから始まる「天動説から地動説への転換」という一連の流れに対しても、政治になぞらえて「科学革命（Scientific Revolution）」と呼ぶようになりました。こうしてrevolutionという語が再び天文学の世界に帰ってきたと考えると、なかなか感慨深いものがあります。

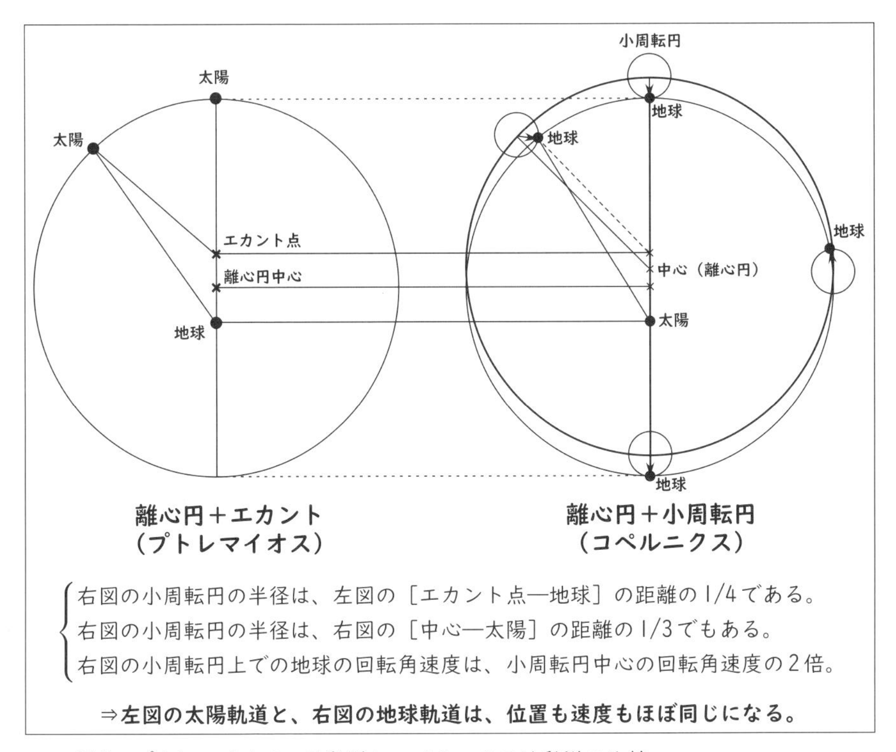

図5　プトレマイオスの天動説とコペルニクス地動説の比較
〈「FNの高校物理」http://fnorio.com/より改変〉

を、地動説モデルからも導くことができ、しかも厄介なエカントに頼らなくてすむのです。これによって「地動説もアリかもしれないな」と皆が感じ始めたことは非常に意義深い変化でした[図5]。

しかしながら、コペルニクス地動説は「周転円」「離心円」については残さざるを得ませんでした。そもそもこれらは天動説用に編み出されたものなので、地動説ならば不要になるかと思いきや、結局この二つの手法を導入しなければ惑星の軌道を正しく計算できなかったのです。さらにはエカントを捨てた分のしわよせとして、理論の精度を上げようとするとプトレマイオス天動説以上に周転円の数を増やさなければならないという、なんとも本末転倒な事態に陥っていました。つまりエカントをなくしたという点ではやや単純なモデルとなったのですが、計算の煩雑さとしては、最終的にプトレマイオス天動説とほとんど変わらないというのが実情でした。

何より肝心なことは、「コペルニクス地動説は、プトレマイオス天動説の精度に追いつきはしたが、追い越すことはできなかった」という事実です。すなわち、当時天動説がぶつかっていた様々なズレの問題は、地動説をもってしても解決することができませんでした。実はこれは、惑星の軌道そのものに隠された、とある秘密が原因でした。いわば【人類最大の思い込み】とも言うべきものがそこに存在し、プトレマイオスはもちろんコペルニクスですらもその思い込みを“疑う”ことをしなかったために、どうやっても精度のズレを補正できなかったのです（その壁をついに乗り越えてみせるのが、のちに登場するケプラーです）。

また、コペルニクス地動説の眼前にはやはり例の“敵”が姿を現します。「年周視差問題」です。地動説がいくら天動説に匹敵する理論だったとしても、年周視差が観測できない以上、地動説には現実味がないと判断するほかありませんでした。さらに、同じ手間で同じ精度の結果が出せるならば、キリスト教と親和性が高く、アリストテレス哲学の世界観に基づいたプトレマイオス天動説のほうに軍配が上がるのは道理でした。したがってコペルニクスが地動説を提唱したあとも、天文学界では「地動説は一つの計算方法として便利な場面もあるが、宇宙の真の姿としてはやはり天動説モデルが正しい」という認識が大勢を占めてしまいます。

しかし、こういった如何ともしがたい状況に一石を投じる人物が、コペルニクスの死後に登場します。デンマークの天文学者ティコ＝ブラーエです。16世紀末のこのティコの功績こそが、17世紀初頭のケプラーの大発見につながる直接的な布石となりました。科学革命における最大のドラマは、「ティコ＝ブラーエ」と「ヨハネス＝ケプラー」、この二名の天文学者がたどった怒濤（どとう）の物語の中に見出すことができると言えるでしょう。

■ たった一つの単純なことを、ティコは人生をかけてやり遂げた

孔子の論語を由来とする四字熟語に「温故知新」がありますが、“新しい考え方へと至るためのヒントは古い考え方の中にある”という点では、17世紀の科学革命はまさしく壮大な温故知新の実例だったと言ってもいいかもしれません。この場合、温（たず）ねるべき「故」はアリストテレス哲学（天動説）であり、知るべき「新」は近代科学（地動説）ということになります。

アリストテレス哲学を打ち破るためのヒントは、アリストテレス哲学そのものの中に存在しました。それは、ずばり“観察”というキーワードに集約されます。「物事を観察し、論理的に考え、知識を組み上げる」という彼の方法論における一番最初のプロセスを、当時の誰もが頭の中では認識していたにも関わらず、それを突きつめて実践しようという発想にはなかなか至りませんでした*16。しかし、とうとう学問における本来の根本に立ち返り、単純かつ地味な仕事を愚直なまでにやり遂げてみせた人物が存在します。それがティコでした。

ティコの功績の内容はたった一語で表すことができます。すなわち「天体観測」です。彼は斬新な理論を提唱したわけでもなければ、普遍的な法則を発見したわけでもありません。しかし彼は、天文学者ならば誰もが行う「天体観測」というその凡庸な一点を、かつ

---

*16 これはアリストテレス哲学が権威化されたことによる弊害の一つだと言えます。

て他の誰も到達しえなかった水準へと磨き上げました。それこそが科学革命における突破口を切り拓いたのです。

ティコが残した観測記録は、まず“正確である”ということ、そして“膨大である”ということの二点において驚異的でした。望遠鏡はまだ無い時代でしたが、彼は四分儀（天体の高度を測る分度器のようなもの）をはじめとする観測器械については並々ならぬこだわりを持って探し集め、後には自ら設計するようになりました。それらの器具を駆使することによって、彼は観測結果の誤差を1分（1度の1/60の角度）以内に抑えることに成功します。これは人間が肉眼で観測できる理論上の極限値に近い精度でした。

さらに彼はそれほどまでに正確な観測を、太陽系内の5個の惑星（水星、金星、火星、木星、土星）はもちろん、太陽系外の1000個におよぶ恒星についても事細かに行い、死の床につくまでの40年近い歳月にわたって膨大なデータを記録し続けたのです。

そもそも若き日のティコが天文学界において名を上げたきっかけは1572年、彼が25歳のときに出現したカシオペヤ座の超新星について、14ヶ月間の精細な観測記録を発表したことでした。その功績をデンマーク王フレゼリク2世が高く評価し、ヴェン島という場所に天文台を国費で建設するとともに、ティコの観測作業を全面的に支援します。ティコが残した膨大な記録の大部分は、このヴェン島の天文台での20年以上にわたる観測生活によって得られたものでした。やがてフレゼリク2世が没すると彼はプラハへ移住することになりますが、そこで神聖ローマ帝国皇帝ルドルフ2世の宮廷付占星術師という肩書きを得て、1601年に亡くなるまでの数年間も天空の観測を続けました（このプラハにおいて、彼はケプラーを助手として招き入れます）。

さて、こうした観測データをもとに、ティコはいくつかの重要な事実を発見します。まず一つは、上でも触れた1572年のカシオペヤ座の超新星についてです。超新星とは巨大な星が一生を終えるときの爆発現象ですが、地球からはまるでそれ自体が明るい星であるかのように見えます。ティコはその超新星が発生してから肉眼で見えなくなるまでの14ヶ月の様子を詳しく観察し、次のような計算結果を得ました。すなわち「月より遠方で起きた現象である」と。これは天文学界に大変な衝撃をもたらしました。

アリストテレスの宇宙論を思い出してください。彼は「月より遠方の天上世界は第五元素エーテルによって構成されており、そこではいかなる変化も生じない」と断定していたのです。当然ながらプトレマイオスの天動説においてもそれは不動の真理であり、キリスト教の「神が創造した宇宙は完全かつ不変のものである」という思想ともよく一致するその真理は、もはや強固な信仰対象と化していました。したがって中世においては、もし不規則な変化が天空で観測されたときは、それらはすべて宇宙ではなく地球内の気象現象だと見なされていたのです（実際、古来から幾度となく目撃されていた“流星”は大気圏内の現象です）。ところがティコの厳密な観測によって、突然現れて次第に見えなくなった“超新星”が、まぎれもなく宇宙の遠方で生じた現象だということが示されてしまいました。

ティコの発見はこれだけにとどまりません。1577年に出現した“彗星”についても彼は同様の結論に至ります。それまで彗星は流星と同じ大気圏現象だとされていましたが、ティコは自身の観測データからこの彗星を「月よりも6倍以上遠いところにある」と見抜きます。1572年の超新星と1577年の彗星の二つともが、「月より遠方ではいかなる変化も生じない」とするアリストテレスの世界観と大きく矛盾するものであったという事実は、従来の天動説にとって大打撃となりました。

しかしここからが科学史の面白いところなのですが、なんとティコは地動説ではなく天動説を支持するのです。これには明確な理由がありました。それは例の「年周視差問題」です。地動説にとっての最大の敵が、かつてないほどの牙をむいてティコを天動説側に押し戻したのです。

どういうことかというと、ティコには「自分の観測データは正確である」という絶対の自信がありました。それは当然のことです。実際に彼の観測技術は人間の目が捉えられる限界の精度に達していたのですから。ところが問題は、その精度を以てしても年周視差は確認できなかったということです。ティコはこう考えざるを得ませんでした。「自分のこれほどの正確な観測によっても年周視差が確認できないのであれば、やはり年周視差など存在しないのだ」と。年周視差がないということは、地球は宇宙の中心にある、つまり天動説が正しいという結論になるのです。観測が正確であればあるほどかえって強大な壁になるという点で、年周視差問題は、人間を真理から遠ざけるために自然界が用意した、見事なまでの“罠”でした。

ただ一方で、ティコはコペルニクスの地動説にも深く感銘を受けており、また超新星と彗星に関する自身の発見によって従来のアリストテレス的世界観に訂正が必要であることも十分理解していました。結果として、ティコは「地球は宇宙の中心にあって太陽がそのまわりを回っているが、五つの惑星はその太陽のまわりを回っている」という宇宙モデルを提案します。それはまさしく“地動説要素を取り入れた天動説”とも言うべき折衷案のようなもの（「ティコの修正天動説」と呼ばれます）でした。しかし、これも結局はプトレマイオスやコペルニクスの理論精度を超えるものではなかったのです［図6］。

当時の人々は、もはや天動説でも地動説でも天体運動を完全には説明しきれないという事態に直面して、半ば諦めのような感情を抱きはじめていたようです。そこにくわえて、ティコによる厳密な観測記録は双方の理論の不完全性を浮き立たせる結果となり、もはや「天空の事象はきっと人知を越えた何かであり、大まかには把握できたとしても、星の動きをぴったりと予測する理論を人間が手にすることはできないのではないか」と言いたくなってしまう状況でした。しかし、そんな中でも諦めなかった人物がヨハネス＝ケプラーです。

■ ケプラーの科学の原点はトンデモ理論だった

ケプラーは、青年時代のティコが超新星を観測する前年の1571年に、神聖ローマ帝国（ドイツ）にて誕生しました。ルターの宗教革命から半世紀以上経ていた当時のドイツ内では、各地でプロテスタントの勢力が次第に増しており、そのためカトリックvsプロテスタントの宗教対立がかなり高まっていたようです。ただ、これはプロテスタントであったケプラー自身にとって思わぬ恩恵につながりました。

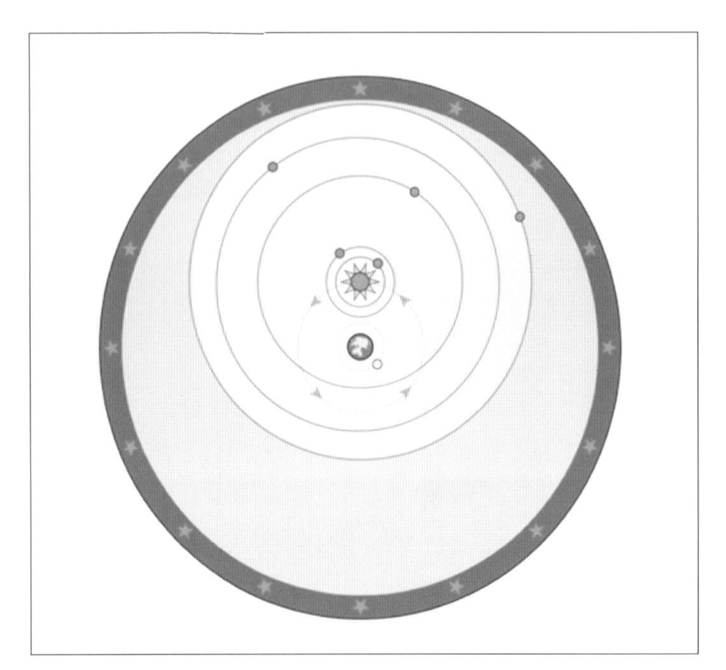

図6　ティコの修正天動説〈Wikipediaより引用〉

というのも、ケプラーの家は貧しく、本来ならば学校に通えるような環境ではなかったのですが、生まれ故郷であるヴュルテンベルグの諸侯がプロテスタントに改宗しており、彼らは国内でカトリックとの宗教論争に耐えうる人材の育成に積極的でした。結果としてケプラーは奨学金を得て神学校に進学し、そこでラテン語を身につけ、さらに当時の基礎学問を一通り学ぶことができました。その後はチュービンゲン大学に入学します。

大学時代の前半は学芸学部（自由七科を修める学部）に籍を置き、後半は神学部に進みます。彼はあくまで自分は牧師になるものと思っており、勉学の意識も主に神学のほうに向けられていました。ただし自由七科の一つであった天文学にも少なからず興味を持ち、神学部の公開討論においてコペルニクス地動説を擁護（ようご）するなどの姿勢もたびたび見せていたようです*17。そして大学卒業後、いざ牧師の最終試験を受けようという段になって、オーストリアのグラーツ大学から「数学と天文学の教授をやってくれないか」という話が舞い込んできます。最初は戸惑いもあったようですが、生まれついての冒険好きという性格もあって彼はこの話を受けることにし、いよいよ彼の天文学者としての人生がスタートします。

このグラーツ大学の在職中に、彼は初の著書である『宇宙の神秘』を出版します。まずこの本の第一の意義は、天文学者がコペルニクス地動説について初めて賛同意見を述べた

*17 彼は地動説が聖書の教義に反するとは考えていませんでした。

公式出版物であったという点です。コペルニクスが死の直前に『天体の回転について』を発刊してから既に半世紀近い月日が流れており、地動説は広く流布するようになっていたものの、天文学者たちは公刊書物の中でコペルニクス支持を明文化することに対しては慎重でした。これは、やはりキリスト教の教会界隈から非難されるかもしれないという危惧が大きかったと思われます。しかしながら、ケプラーは『宇宙の神秘』において何のためらいもなくコペルニクス説への熱烈な信頼を表明します*18。

そしてこの著書の第二の意義は、“正多面体太陽系モデル”という独自のトンデモ理論（＝とんでもない無理矢理な仮説）を展開してみせたという点です。ここにケプラーという人間の奥深さがあります。彼は「なぜ惑星の数は100や200ではなく6個なのか」（コペルニクス地動説では地球も惑星になるので計6個になります）という疑問をきっかけとして、次のような仮説を立てました。「この世に正多面体は正四面体・正六面体・正八面体・正十二面体・正二十面体の五つしかない。一方で、惑星が6個ということは惑星どうしの間隔は5個ということになる。この5という数字の合致は偶然ではないはずだ！」と。そして、太陽を中心として回る各惑星軌道の間に、見えない正多面体が一個ずつ入っているという入れ子状の宇宙モデルを考案したのです［図7］。もちろん現代科学からするとデタラメもいいところです。

しかし彼がどうしてこのような仮説に至ったかを考えると、その根底には非常に重要な思想があったことがわかります。その思想とは、いわば「宇宙には何かスッキリした法則があるはずだ」という期待のようなものです。正多面体太陽系モデルは、ある意味で「宇宙のどんな現象にもスッキリした説明を付してみせるぞ！」というケプラーの決意の現れだったと見ることもできるのです。その決意こそが、のちに彼が“ケプラーの三法則”を発見するための何よりの伏線でした。

彼の荒唐無稽（こうとうむけい）な理論は、当然のように他の天文学者たちから無視されてしまいます。それは単に突拍子もない仮説だったからというだけではなく、このモデルによって算出される惑星間の距離が、当時知られていた数値と照らし合わせても明らかに違っていたからでした*19。現代科学の教科書も“ケプラーの三法則”については大きく取り扱いますが、“正多面体太陽系モデル”には微塵（みじん）も触れません。そもそも太陽系の惑星の数は6個ではなく8個であることが今では判明しているので、このモデルは完全に破綻しているのです*20。

けれどもケプラーの人生の魅力は、この一見あまりにも不毛な正多面体太陽系モデルへのこだわりが、彼を「地動説が正しい」という真理へと導いたという点です。『宇宙の神秘』の出版以降、彼は正多面体太陽系モデルの前提となった地動説そのものに対して、ある種の強い情熱を抱き続けました。

---

*18 そのあたりもまた彼の冒険好きという性格が出てしまったのかもしれません。幸いなことに教会側からの反応は特にありませんでした。

*19 たしかに金星、地球、火星についてはそれなりの一致が得られたのですが、水星、木星、土星については全くかみ合いませんでした。

*20 18世紀に天王星、19世紀に海王星、20世紀に冥王星が発見されますが、2006年に冥王星が準惑星にランクダウンしたので惑星は現在8個となっています。

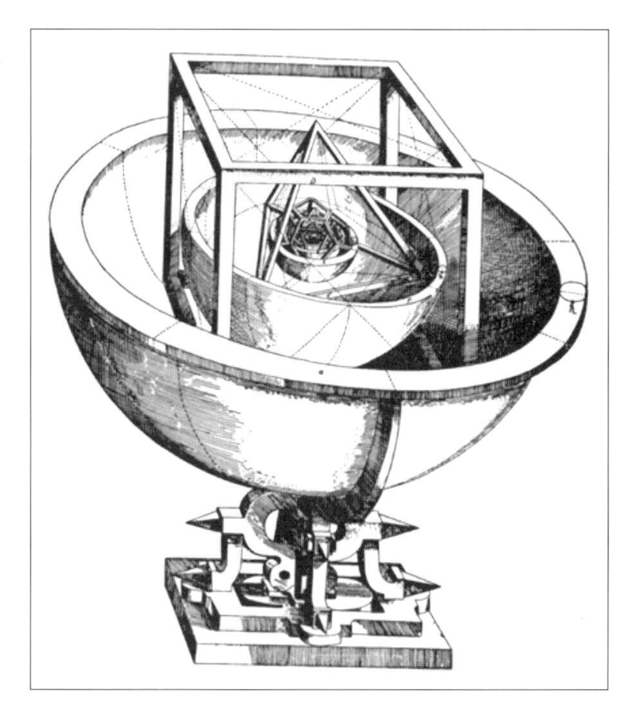

図7　正多面体太陽系モデル〈Wikipediaより引用〉

前トピックでも述べたように、自然界は地動説へ近づこうとする者に対して年周視差問題という罠を用意しており、それはティコの観察眼をもってしても打ち破ることのできない強大な敵でした。しかしケプラーの胸中にあった情熱は、この敵の攻撃をはねのけてでも地動説へと突き進むパワーを彼自身に与えたのです。「年周視差が確認できないことは問題ではない。宇宙がそれほどまでに広いというだけの話だ」という確信を彼は持っていました。たとえ当時の人々にとって常識外の広さであっても、ケプラーの情熱の前には些細な事物であり、彼はそれを十分に受け入れることができたのです。

正多面体太陽系モデルは天文学界から無視されたと先ほど書きましたが、コペルニクス地動説を初めて支持した書物であるという点では話題性は高く、『宇宙の神秘』の読者数自体はむしろ芳しかったようです。もちろん大半の人がそのトンデモ学説の部分については苦笑気味だったわけですが、「なにやら愉快なことを言い出した奴がいる」という認識でもって、この新進気鋭の著者の名前を好意的に記憶した学者もいました。その中の一人がティコでした。

ティコは『宇宙の神秘』で示されたガラクタのような理論の奥底に、他の誰とも異なるケプラー独特の思想の輝きが存在することを見抜いたのです。ちなみにケプラーは、『宇宙の神秘』の出版時にティコを含むあらゆる有名天文学者たちに得意満面にこの本を一方的に送りつけたのですが、それに対するティコからの返信をきっかけとして、二人の間では手紙によるやりとりが続いていくことになります。

■ 歴史の偶然の重なりがティコとケプラーを引き合わせた

一言で表すならば、ケプラーは想像力に長けていました。しかしそれだけでは地に足の付いた理論を組み立てることはできず、宇宙の真相を明確に解き明かすには不十分だということも事実でした。一方で、ティコは観察力においては他の誰にも負けないものを持っていましたが、観測結果の厳密性を追求するあまり、発想の自由度は往々にして減じてしまいがちでした。人間が地動説という正解にたどりつき、近代科学を誕生させるためには、ケプラーの想像力とティコの観察力、その両方ともが必要条件だったのです。彼らは文通を交わす中で「向こうは自分にないものを持っている」という意識を次第に強くし、「この相手と協力すれば新たな道が開けるのではないか」という漠然とした予感を各々の心中に募らせていきます。

ところがティコはデンマークのヴェン島で、ケプラーはオーストリアのグラーツ大学でそれぞれ研究生活を営んでいました。移動手段が徒歩と馬車しかなかった時代（しかも馬車代は高くて裕福な貴族でもなければ乗れませんでした）において、この距離は大変な隔絶でした。手紙のやりとりはあったものの、もしこのまま状況が変わらなければ、二人が面と向かって顔を合わせる機会は永遠に訪れなかったでしょう。

しかし、歴史の偶然は彼らを引き合わせたのです。まずティコについては、ヴェン島における天体観測を全面的に支援していたデンマーク王フレゼリク2世が亡くなったことで、彼はそこでの研究を継続できなくなりました。その後しばらく放浪の旅に出ることになったティコは、最終的にチェコのプラハにたどりつき、そこで幸運にも神聖ローマ帝国皇帝ルドルフ2世から宮廷付占星術師という役職を授かることになります*21。占星術師という肩書きは当時の天文学者が金銭を得るための方便のようなところがあり、実質的な仕事内容としては天体の観測や研究をティコは継続することができました。

さらに、時を同じくしてケプラーの環境にも変化が生じます。オーストリアもまた神聖ローマ帝国の一部だったわけですが、特にケプラーの住むグラーツを統治していた人物が、皇帝ルドルフ2世のいとこにあたるフェルディナント大公（たいこう）でした。このフェルディナント大公は幼少時にイエズス会の教育を受けており、いわゆるカトリック強硬派の思想を持っていました。そしてこのとき、彼はグラーツからプロテスタント勢力を一掃する方針を決定したのです*22。

これによってケプラーは職を追われ、グラーツを立ち去らなければならなくなります。そこで途方に暮れていた彼のもとに舞い込んできたのが、「ティコがプラハで宮廷付占星

---

*21 この時代はチェコも神聖ローマ帝国に含まれていました。

*22 のちに彼は皇帝フェルディナント2世となり、プロテスタントに対する徹底的な弾圧を行ったために諸侯からの反乱が生じ、これがドイツ三十年戦争のきっかけとなります。グラーツにおける一件はまさにその弾圧の予行のようなものでした。

術師の任に就いた」という知らせでした。ケプラーは「自分もプラハに行くしかない」と意を決します。折しも、皇帝の諮問官であったホフマン男爵という人物がグラーツからプラハに赴くことになり、その一行の中にケプラーも加えてもらうことになりました。まさしく渡りに船でした。一方で、ティコのほうもまたケプラーの失職の噂を聞き、「私のところに来て共同研究をしないか」と提案する手紙を送っていました。ただし、この手紙が届くよりも先にケプラーは出発していたそうで、両者とも互いの能力にいかに強く惹かれていたかが伝わってくるエピソードです。

なお、ケプラーがプラハに向けてグラーツを発ったのは西暦1600年の1月1日でした。17世紀の幕開けを目前に控えたこの一年の最初の日こそが、科学革命を成し遂げるための最大の歯車が動き出した瞬間であり、それは近代科学の扉を叩く人類全体にとっての旅立ちの日でもあったのです。

そして約1ヶ月後の1600年2月4日に、二人の天文学者はとうとう顔を合わせます。ティコは53歳、ケプラーは29歳でした。そしてそれ以降、ケプラーはティコの助手として彼の研究に協力することになります。彼らが出会ったことそのものが奇跡でしたが、そのタイミング自体もまた限りなく奇跡でした。というのも、ティコは翌年の1601年10月24日に急逝してしまうからです。

ティコの死については、二人の邂逅からあまりにすぐの出来事であったため、もしかしたらケプラーがティコの観測結果を横取りするために毒殺したのではないか、などという疑惑が後世において議論されるほどでした。この疑惑については、2010年から2012年にかけてデンマークのオーフス大学の科学者チームがティコの遺体を調査し、致死レベルのいかなる毒も検出されなかったことから、殺害による死の可能性はきわめて低いことが立証されました。実際には膀胱系の疾患によるものだという線が濃厚なようです。しかしそうだとすれば、やはりティコは天によって定められた寿命の最後のわずか1年8ヶ月の間にケプラーとの出会いを果たしたことになります。事実は小説よりも奇なりと言いますが、人の世の多様性はこれほどの劇的な展開を紡ぎ出すことがあるのです。

こうしてケプラーは、ティコが遺した膨大な観測記録の全てを受け継ぎました。またティコは死の直前に、皇帝ルドルフ2世に対して自分の後任にはケプラーを選んでほしいという請願を出していたので、それに従ってケプラーは宮廷付占星術師の役職に就くこととなります。そしてさらに、ティコはある一つのメッセージをこの後継者に残していました。それは「コペルニクスの地動説ではなく、わたしの修正天動説を採用するように」というものでした。彼は死に際して、全てを天体観測にかけたこの人生に何らかの意味があったと思いたい、と何度も繰り返し呟いたようです。そして、もしケプラーが自分の修正天動説を継承して完成させてくれれば、自分の名を歴史に残すことができるだろうと、最後の最後に期待の言葉を漏らしたのです。

しかし、ケプラーはこの遺言には従いませんでした。彼はティコが持っていた観測結果と肩書き、そして宇宙にかける思いの全てを受け継ぎましたが、ティコが提唱した宇宙モデルだけは却下したのです。ケプラーの心中にある地動説へのこだわりが、それを許容しませんでした。そしておそらくはティコ自身も、ケプラーがそういう判断をするであろうことを十二分に承知していたでしょう。自分が残したあらゆるものを受け継ぎながらも、その枠を破ってさらなる高みへと到達してくれる存在だと確信したからこそ、彼はケプラーを自分の元に呼び寄せたのでした。

やがて、ティコの死から8年の時を経て、ケプラーはとうとうそれを成し遂げます。ティコが残した観測データを十全に生かし、なおかつ自身の想像力を決して捨てなかったことで、彼はついに真実の宇宙像を明らかにすることができました。そして天動説から地動説へ、あるいはアリストテレス哲学から近代科学への転換を引き起こした科学革命の功労者として、ティコとケプラーの二人の名は、人類の歴史に永遠に刻まれることになったのです。

■ 人類史上誰も抜け出せなかった勘違いにケプラーは気付いた

それでは、いよいよケプラーの功績の概要について見ていきたいと思います。彼がティコと出会った17世紀の初めには、宇宙論としてはプトレマイオスの天動説、コペルニクスの地動説、ティコの修正天動説の三つが候補として存在し、そのどれもが精度の問題を抱えていました。そして何と言っても、問題の最大の焦点は「惑星の動き」でした。どの理論を用いてどれほどの補正を加えたとしても、惑星の運動には必ずズレが出てくるのです。かつて古代ギリシャ人を混乱させた“惑う星”は、この時代になってもなお人々にとって不可解なままでした。

言ってみれば惑星の運動を制した理論こそが正当な科学理論だと認められるのであり、ケプラーはまさにその最終局面に立っていました。彼はティコの助手であった頃に、惑星の中で特に火星の軌道計算を命じられます。そしてティコが没した後も、ひたすら火星の軌道について膨大な計算を行なっていきました*23。

結論から言うと、ケプラーは8年間にわたる気の遠くなるような計算結果の果てに、火星の軌道に関する一つの仮説を完成させます。その仮説はコペルニクスの地動説を基盤としつつ、さらにケプラー独自の想像力をうまく組み込んだ理論でした。ところが、それでもやはりティコが残した観測結果とは完全には一致しなかったのです。これは現代の科学でも同じことですが、理論値と観測値が食い違ったとき、我々は以下のいずれであるかを判断しなくてはなりません。

① 観測は精確だが、理論が正しくない。
② 理論は正しいが、観測が精確でない。

ケプラーもまた、とうとうこの選択を余儀なくされます。自らの想像力を存分に発揮して組み立てた理論か、ティコの凄まじい観察力が残してくれた観測結果か。二つに一つ。どちらか一つを否定しなければならないという状況で、ケプラーは頭を抱えます。本来の彼の性格ならば、迷わず観測結果のほうを捨てたでしょう。彼はあのでたらめな“正多面

*23 後で詳しく述べますが、これが金星や木星ではなく火星であったことがケプラーにとっての幸運でした。

体太陽系モデル”でさえ堂々と発表した人間なのです。多少の数値の食い違いがあろうとも自分の理論を信じてまっすぐ突き進んでいく、それが自身の持ち味だということをわかっていました。

しかし、今回ばかりはケプラーも選択に躊躇（ちゅうちょ）します。なぜなら彼の目の前にある観測結果は、あのティコが生涯をかけて紡ぎ出し、自分へと託してくれたものだからです。ティコは天体観測というあまりに地味な、しかしもっとも基本的な一点のみをどこまでも突き詰めました。そんな男が残した観測データを「単なる誤差だ」と切り捨てることだけは、ケプラーはできなかったのです。しかし一方で、自分自身が膨大な計算の末導き出した理論も否定したくはありませんでした。

「観測は正しい。理論も正しい。」この二つに絶対の確信を持った人間が、「それなのにどうして観測と理論が一致しないのか」という問題を乗り越えようとしたとき、そこで初めて“疑う”ことができたのです。「我々はそもそもの大前提を勘違いしていたのではないか」と。

すなわち、**「惑星軌道は円ではなく、楕円（だえん）なのではないか」**と。

これこそが答えでした。惑星の軌道の中に隠されたほんのわずかな秘密。人類が夜空を見上げて宇宙を論じるようになってから何千年もの間、誰一人として気付くことのできなかった“勘違い”。明らかに縦長や横長の楕円ならば、見れば誰だってすぐわかります。しかしほとんど完全な円に近い楕円を目の前にしたとき、人間はどうしても「これは円だ」と考えてしまい、楕円などという発想は相当な疑いをもってかからないと出てこないのです。

ティコの観測データに対する絶大な信頼と、自身の軌道理論に対する絶対の自信。この二つを持ち合わせたヨハネス＝ケプラーという科学者だけが、初めてそこに疑いの目を向けることができたのです。そして「惑星軌道は楕円である」という、この小さなたった一つの気付きこそが、人類が今までぼんやりとしか見えていなかった宇宙の真相を正確に解明するための、最も重要な突破口でした。

以下では、ケプラーがいかにしてこの楕円軌道へと思い至り、どのような思考過程を経てケプラーの三法則を完成させたのかということについて、詳しく述べていきます。

■ ケプラーの発想の土台となったのは、まったく無関係の分野の研究だった

まずはケプラーの三法則がどのようなものであるかを整理しておきたいと思います。物理学ではニュートンの万有引力の法則さえ学べば、三法則は自動的に導かれるため、今では実質不要となってしまった理論です。しかし科学の歴史はそれと真逆の道筋をたどる必要がありました。すなわちケプラーの三法則が先にあったからこそ、ニュートンはそれをもとにして万有引力の法則を導くことができたのです。近代科学の象徴はニュートンの法則ですが、その扉を最初に叩き、道を切り開いたのは、紛れもなくケプラーが発見した以下の三法則でした。

【第1法則】惑星は、太陽をひとつの焦点とする楕円軌道上を動く。
（楕円軌道の法則）
【第2法則】惑星と太陽とを結ぶ線分が単位時間に描く面積は、一定である。
（面積速度一定の法則）
【第3法則】惑星の公転周期の2乗は、軌道の長半径の3乗に比例する。
（調和の法則）

第1法則は先ほども触れた“楕円軌道”です。やはりこれがケプラーの法則の一番の目玉であり、ケプラー自身もそういう認識だったからこそこれを第1としたのでしょう。あまり知られていないことですが、実は発見の順序で言うと第2法則のほうが先だったのです（「第2法則→第1法則→第3法則」の順で発見されました）。むしろ他ならぬこの第2法則が、第1法則を導くための最大のヒントとなりました。したがって、まずは第2法則発見の経緯について見ていきたいと思います。

ティコの死後、ケプラーは引き続き火星の軌道計算をひたすら行ったことは先にも述べたとおりですが、具体的にどのようなモデルを想定していたかというと、最初は「コペルニクスの地動説を基礎としながらも、周転円を排し、エカントを再導入する」というものでした。これは非常に面白い考え方です。というのも、元々プトレマイオスの天動説に用いられた「周転円」「離心円」「エカント」のうち、最も評判の悪かったエカントを排除したという点で、コペルニクスの地動説は高い評価を受けていました。しかしケプラーは、コペルニクスがせっかく排除したエカントを再び呼び戻し、その代わりに周転円のほうを完全排除する方針を打ち立てます。

彼がエカントを復活させてまで周転円の排除にこだわった理由は、おそらくきわめて素朴（そぼく）な直観によるものだったであろうと推察されます。そもそも古代ギリシャのアポロニウスが周転円を考案したきっかけは、天動説において惑星の逆行運動をうまく説明するためでした。にも関わらず、地動説の上に立ってもなお依然として周転円を必要とするコペルニクスの仮説は、ケプラーにしてみれば何とも煮え切らないものとして映ったはずです。火星の円軌道の中心と太陽の位置は明らかにずれていたので、「離心円」の概念は必須でした。しかしそれ以上のズレを補正するものとして、「周転円」をいくつも重ねてつぎはぎのような理論を組み立てるよりは、たとえ計算が面倒でも「エカント」を一つ求めて速度を決定するモデルのほうが、見た目としては“スッキリ”した理論になるわけです。

そうしてケプラーは実に5年という歳月をかけて、ティコの観測結果をほぼ完璧な精度で説明しうる「エカント」の位置を算出します。当たり前ですが、パソコンはおろか計算機すら無い時代です。紙とペンだけを用いて、想像を絶する計算量の果てに、ケプラーは「離心円」と「エカント」だけからなる地動説を構築してみせたのです。しかも、それはプトレマイオスやコペルニクスの理論の精度と比べても十分に勝るものでした。もはやこれだけでも世紀の大偉業と評されていたでしょう。

ところが、ケプラーは途方もない時間と労力をかけたその仮説を、すべて放棄します。なぜならその仮説は、ティコの観測結果のほとんどすべての点に合致するものでしたが、たった2箇所だけ……火星の無数の位置データのうち、ただ二つの点においてだけ、8分（1分は1度の1/60）という誤差が生じていたのです。プトレマイオスやコペルニクスが行った天体観測ならば、そもそも10分程度は誤差の範囲内でした。しかしケプラーが手にしているのは他ならぬティコが残した観測結果であり、そのデータ精度が1分以内のレベルであることを、ケプラーは誰よりもよく知っていました。

「ティコの観測データを用いる以上、8分という誤差は絶対に無視できない。自説は放棄しよう。」

ケプラーが下した最初の英断でした。普通の人間なら、おそらくここで諦めてしまうと思います。俺はこんなに頑張ったんだ、多少の数値のずれがどうしたというんだ、他のほぼ全ての点については一致しているんだから、もうこれでいいじゃないか、と。しかし、ケプラーは妥協しませんでした、5年もの歳月をかけて気の狂うような計算の果てに導き出した自分の説を、あっさりと捨ててみせたのです。

ケプラーがどうしてこのような決断を下せたのかという点については、大きく二つの理由があります。まず一つは、ティコの観測記録を心の底から信用していたということです。誰しも問題にぶつかったときは自分の手で記録したデータですら疑わしく思ってしまうものです。ましてや赤の他人、しかも機械ではなく人間ならば見間違いや書き間違いだって十分起こりうるのに、ケプラーはティコの記録を疑うことは一切ありませんでした。おそらくティコが天体観測にかける情熱の深さ、さらには彼の持つ数値の誤差への徹底的なこだわりを、1年8ヶ月という短い共同研究の間に、ケプラーは十分に感じ取っていたのでしょう。

もう一つの理由は、ケプラーは周転円のみならずエカントについてもまた懐疑的であったということです。エカントというのはそもそも惑星の速度変化を説明するために考え出された架空の点でした。仮に地動説を採用するにしても、惑星は太陽から中心のずれた離心円の軌道をとる（本当は楕円なのですが）こと、そして太陽に近い場所では速く進み、太陽から遠い場所では遅く進んでいることは確実でした。その速度変化を定式化するために、「この一点から見ればどの位置でも同じ速度で進んでいるように見える」というような点を軌道平面上に探しだす、というのがエカントの概念でした。ただ、このエカントというのは便宜上は役に立ちますが、実際にその位置に何かの天体が存在するわけではなく、たとえ数学的に有意義だとしても、物理法則を考える上では何の意味もないのではないかということを、ケプラーは薄々感じていました。

苦労の末に算出したエカント点でさえ8分の誤差を詰められなかったという事実は、むしろケプラーにとっては踏ん切りをつける良いきっかけだったのです。「ここまでやってもズレが生じるということは、やはりエカントモデルそのものに限界があるということだ。宇宙の法則を本当の意味で解き明かすためには、エカントとは全く別の概念を考えなくてはならない。」ケプラーはこのように確信しました。

すなわち「周転円」「離心円」「エカント」という既存観念のうち、周転円とエカントの二つを切り捨てる決意を固めたのです。「離心円」だけは、ケプラーはまだ疑念を持っていませんでした。惑星の軌道は（楕円という発想がなければ）誰がどう見ても離心円であり、それはもはや大前提でした。そのうえで、惑星の移動速度の変化をうまく説明するにはどうすればいいか、というのが当面の問題であり、ケプラーはエカントに代わる新しい仮説を打ち立てます。それこそが「面積速度一定の法則」、のちの“ケプラーの第２法則”でした。

実はケプラーは、ティコのもとにやってくる以前、グラーツ大学在職中に、天文学や数学と並行して光学の研究も行っており、そこで光の強さに関する“逆二乗の法則”を発見していました。要するに「光源から離れれば離れるほど光は弱くなる」という内容です。日常生活で誰もが直感的にわかっていることではありますが、光の減衰の程度が距離の二乗に比例するということを初めて定量的に示した研究でした。

興味深いことに、一見すると宇宙とは何の関係もないこの光学の研究こそが、ケプラーの第２法則の下敷きとなりました。光の“逆二乗の法則”を通してケプラーが学んだことは、「光源との距離と、光源から受け取るパワーとの間には、数字で表せる関係が存在する」ということでした。そこから十年以上の月日を経て、惑星軌道の問題に頭を抱えたとき、その観念が不意にケプラーの脳裡に再浮上したのです。

「太陽もまた一種の光源だ。もしかしたら、惑星は太陽から何らかのパワーを受けて太陽の周りを回っているのではないか？ だからこそ太陽に近づくとスピードが増幅し、太陽から遠くなるとスピードが減衰してしまうのではないか？」

「だとすれば、惑星の運動速度は必ず“太陽との距離”との間に相関関係があるはずだ。何の天体も存在しないエカント点をいくら考えてもきっと無駄なのだ。力の源泉は太陽にある。エカントではなく、“太陽との距離”こそが大切なのだ。」

この直観に基づき、やはり死に物狂いの計算を行った結果、彼はとうとう「惑星と太陽とを結ぶ線分が単位時間に描く面積が一定である」という法則を見つけ、「面積速度一定の法則」と名付けるのです。周転円にもエカントにも頼ることなく、ただ純粋に惑星と太陽の位置関係だけによって惑星の速度変化が規定されるという点で、きわめて画期的な法則であり、斬新な発見でした。

そして、ケプラーの「惑星は太陽から何らかのパワーを受けて運動している」という直観はまさしく、我々が知るところの“引力”を予感させるものであったことを銘記しておくべきでしょう。もちろん万有引力の概念はケプラーの死後ニュートンによって提唱されるものであり、ケプラーは死ぬまで太陽が及ぼす“パワー”の正体を知ることはありませんでした。しかし、漠然とはいえ太陽の“パワー”を予知してみせた先見の明は、科学史的観点からしても、「大発見」という言葉ではとても表現しきれないほどの、とてつもない功績でした。

というのも、ケプラー以前は誰一人として天文学を物理学だと捉える人はいなかったのです。中世において天文学は物理学ではなく、あくまで数学の延長でした。アリストテレス哲学の宇宙観は、先述したように「月より遠方の天上界はエーテルという物質で構成されており、地上界とは隔絶された永劫不変の世界である」というものであり、その考え方はケプラーの時代においても依然として支配的でした。天文学者の関心事はあくまで「星がどう動くか」を正確に計算することにあり、「星がなぜそう動くのか」ということは誰も考えなかったのです。どうせ天空世界と地上世界はまったく別の物理法則で成り立っているのだから、天空の現象に地上の理屈を持ち込もうとしても無意味だ。天体運動についてはせいぜい数学的に予測できればそれで御の字だろう。……そういう風潮を背景として、「周転円」や「エカント」といった手法が重宝されたわけです。

けれどもケプラーただ一人だけが、その風潮に違和感を持ちました。天空も地上も、実は同じではないのか。焚き火から離れれば離れるほど寒くなる。太陽から離れれば離れるほどスピードが落ちる。そこには何か本質的なつながりがあるのではないか。だとするならば、周転円やエカントのような数学上の小道具に頼っても意味がない。力の源泉は太陽にある。それを踏まえた物理法則が必ずあるに違いない。……この確信を最後まで捨てなかったことこそが、彼を成功へと導いた第二の英断でした。

今ならば誰もが「天文学は物理学の一つ」だと思っています。しかしこの一見あまりに当たり前の認識を、誰もが馬鹿げた考えだと指をさして笑った時代があり、その嘲笑に耐えつつ自身の直観を信じ抜いたケプラーの強さをこそ、我々は彼の第2法則を通して読み取らなくてはならないのです。

■ 惑星軌道は、紙に書いた線幅に収まるほどの正円に近い楕円である

さて、ついに第2法則を発見したケプラーでしたが、この時点ではまだ惑星の軌道が楕円であるなどとはつゆも思っていませんでした。第2法則の発見から第1法則（=「楕円軌道の法則」）の発見までは、さらなる紆余曲折を経る必要がありました。

ただ、大筋としては前々トピックで述べた通りの展開です。ケプラーは新たな仮説「面積速度一定の法則」をもとに、ティコが残した全観測データとの最後の照合を試みます。これにより全ての値が1分以内の誤差で合致すれば、理論の正しさが完全に証明されることになります。ケプラーは意気揚々とこの作業に取り掛かります。

ところが宇宙の摂理は、これほどまで真理に迫り、何度も挫けず努力を重ねてきたケプラーを、またもや容赦なく叩きのめすのです。なんと面積速度一定の法則をもってしても、ティコの観測記録との間には無視できないズレが生じてしまうのです。前回のエカントモデルとは違って、ケプラーが自身の想像力を存分に発揮して「これは絶対に正しい」という確信を持てた理論です。「そんなはずはない」と彼は何度も再計算し、理論値と観測値の一致を信じて徹底的な検証を繰り返しました。しかしその試みはことごとく失敗に終わってしまうのです。

もし宇宙そのものに人格があるとするならば、このときケプラーは、その人格のこんな意地悪な声を聴いたでしょう。「またしても不正解。残念でした。では自身の信じる理論を捨てたまえ。もしくは、そろそろティコの観測データを疑うのもいいぞ」と。しかし、ケプラーはいまやその両方ともを固く信頼していて、いずれか一方を切り捨てることはできませんでした。とはいえ、それだと理論値と観測値が乖離することの説明が付きません。

極限の状況に追い詰められたその瞬間、彼はふと思い出します。「周転円」と「エカント」を排除してきた自分が、今の今に至るまで、まだ一度も疑ってこなかったものが一つだけあるではないか、と。それは他ならぬ「離心“円”」という大前提でした。

「結論は、惑星の軌道は円ではないということ、全くそれだけのことである」と彼は手記に綴っています。ただし、彼は“円”を疑ってすぐ“楕円”に至ったわけではなく、最初は“長円*24”だと予想して計算を重ね、それが間違いだとわかると、次にはなんと“卵形”の惑星軌道を想定し、その計算に1年を費やします。しかも驚くべきことに、彼は卵形の軌道計算の中で、近似手法として楕円を何度も用いているにも関わらず、惑星軌道そのものが楕円であるという発想にはいっこうに至らないのです。

人類を長らく支配していた「惑星軌道が円である」という先入観がいかに強いものであったか、そしてそれゆえに、いざ呪縛(じゅばく)から解き放たれた人間がどれほどの混乱状態に立たされたか、ということが、そこには非常によく現れています。暗く鬱蒼(うっそう)とした森の迷路を抜けた瞬間、まばゆい白光に照らされてふらついてしまう人のごとく、ケプラーもまた楕円という正解を目前にしながら激しい立ちくらみを起こしたのです。

しかし、最終的にその立ちくらみから彼を救ったのは、長い間森の中をさまよい続けることで獲得した勘でした。卵形軌道の計算中に不意に出てきた0.00429という数に、彼の頭は条件反射します。8年にもわたって膨大な計算処理をこなしてきた彼は、それを5度18分という角度の$\mathbf{sec}$（セカント、$\mathbf{sec}\,\boldsymbol{\theta} = \mathbf{1}/\cos\boldsymbol{\theta}$）である1.00429という値と瞬時に結び付けることができました。その一致を知った瞬間、彼はすぐさま卵形の仮説を捨て去り、惑星軌道を一つの単純な方程式に表すことに成功します。現代の書き方に直すならば、それは【$r = 1/(1 + \varepsilon\cos\theta)$】（楕円の極座標方程式）でした。この式を見て、ケプラーはとうとう惑星軌道が楕円であるということを認識し、第1法則の完成へと至ったのです*25。

おそらく「楕円軌道」の発見に関して多くの人が誤解していることは、「精密な観測に基づいてきっちり軌道を作図してみたら円ではなく楕円であることが判明した」、つまり「誰がやってもきちんと測定さえすれば自(おの)ずと真実に至れていた」のではないかということですが、実はそういうストーリーではないのです。

ケプラーがひたすら軌道計算を行った対象は火星でしたが、火星は太陽系の惑星の中でも特に離心率の大きい楕円軌道をとっている（すなわち楕円であることにもっとも気づきやすいのが火星であった）ということが彼の幸運でした。しかしその火星の軌道でさえ、離心率$\varepsilon = \mathbf{0.0934}$という値なのです。離心率0.0934の楕円がどういうものかというと、紙とコンパスを用意して、半径10cmの正円をそこに書いたとき、その線の幅の中に十分収まってしまうくらい正円と差のない楕円なのです。

---

*24 長円＝楕円とする辞書もありますが、ここでは半円同士を直線でつなげた図形（たとえば陸上競技のトラックなど）を指します。

*25 実は上記の方程式を書き上げてからそれが楕円であると認識するまでの間にも、立ちくらみが一度発生するのですが、それに関しては割愛します。

要するに、火星の軌道を作図して「あ、これは楕円だな」と判断するのはまず不可能だということです。ティコの観測がいかに厳密であったとはいえ、火星の軌道が正円なのか、それとも離心率0.0934の楕円なのかという判定は、さすがにデータ精度の限界を超えていました。つまり軌道の形そのものは正円と捉えても何ら差し支えないレベルだったのです。

ではケプラーを最後の最後まで悩ませた誤差の問題はどこから生じたのかというと、“軌道の形”ではなく“移動速度”でした。「正円の中心からずれた点を基点として面積速度一定の法則にしたがう」運動と、「楕円の焦点を基点として面積速度一定の法則にしたがう」運動では、場所によって微小な速度差が出現するのです。ケプラーは、いわば外見上は正円であると十分に判断できる図形に対して、「でもこれ、目には見えないけど実はちょっとへこんでて楕円なんじゃないか？」というまさかの発想をすることで、ようやく速度差を埋めることができたのです。「きちんと見たらわかった」ではなく、むしろ「あえてきちんと見ない」というユニークさが最後の鍵となった。そういうストーリーなのです［図8］。

考えてもみてください。この世に円ほど完全な形というのは存在しません。古代ギリシャの時代から円は普遍的な美の象徴として重視されていました。そこに加えて中世以降のキリスト教的世界観では、「完全無欠の神がこの宇宙を創造したのだから、宇宙もまた完全な対称性を備えているはずだ」と考え、円に対する憧憬も並々ならぬものがありました。

元はと言えばアポロニウスが周転円を考案したのも、惑星の逆行運動を円運動のみできれいに説明するためでした。円にこだわる必要がないならば、そもそも最初から「惑星は行ったり来たりの運動をする」で終わっても良かったわけです。それでは美しくないという感覚が人間の知性には備わっていて、だからこそ「もっとスッキリした説明が欲しい」という衝動が天文学を発展させてきました。

ところが、中世天文学が近代天文学へと進むための必要条件は、円という最もスッキリした図形を捨てることだったのです。これは全科学史を通しての最大の難関だったのではないかと思います。もちろん科学の本質が「スッキリした仮説の追求」であることは古代から現代まで変わっていません。ケプラーは円という目の前の小さなスッキリ図形を犠牲にすることで、もっと大きな規模のスッキリ仮説に至る道を拓いたのです。とはいえ、円という完全形が持つ魅力を前にして、そんなものは「小さなスッキリ」だと切り捨てるという判断は、普通の人間には到底選べない選択肢ではないでしょうか。

一方で、その偉業を単にケプラーの「才能」という言葉のみに還元するのも間違いでしょう。たしかにケプラーの発想には天才的なセンスがありましたが、彼のそのセンスに確かな足場を与えたのは、まぎれもなくティコの精確な観測記録でした。型破りな天才は、人類の長い歴史の中に他にも無数にいたはずです。しかし宇宙は、ただ発想が独創的であるというだけでは本当の答えを教えてくれませんでした。

40年近い歳月にわたって地道かつ正確な観測記録を取り続けたティコ。そしてそのデータを受け継ぎ、信頼し、気の遠くなるような膨大な計算をひたすら積み重ね、最後

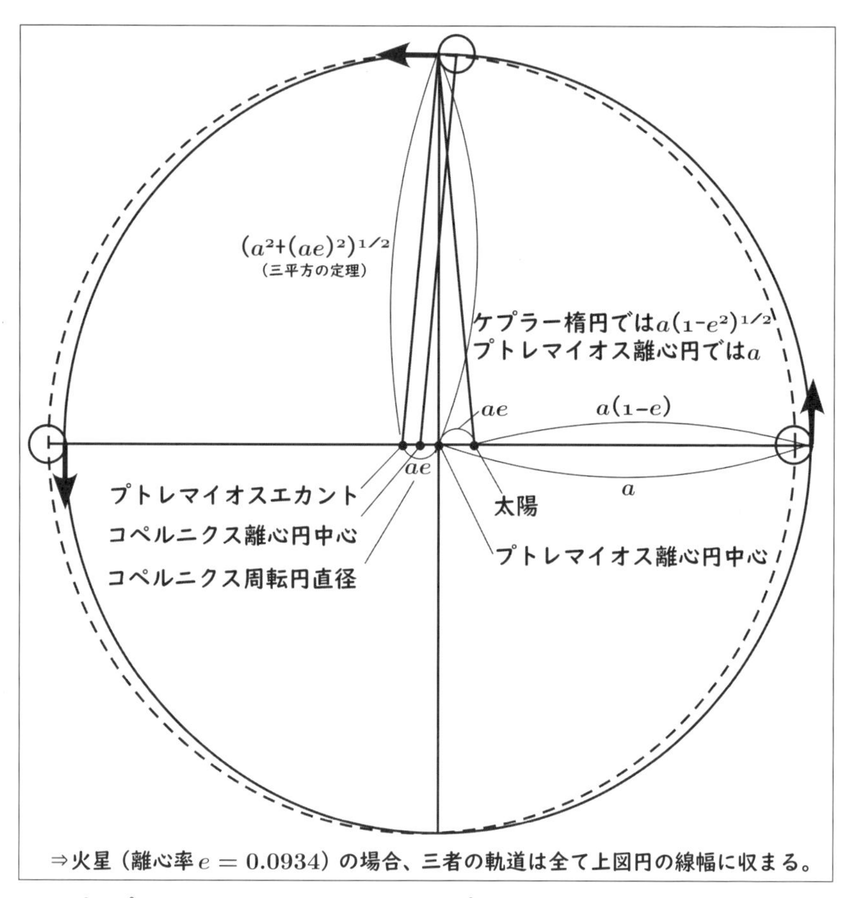

図8　プトレマイオス、コペルニクス、ケプラーの比較

〈「FNの高校物理」http://fnorio.com/より改変〉

の最後まで諦めなかったケプラー。この二人の情熱と真摯さに対して、宇宙は「楕円軌道」という最大の秘密を贈呈せずにはいられなかったのであり、それは彼ら二人の尋常ならざる努力をねぎらう最も相応しい褒賞(ほうしょう)であったと、我々は喝采(かっさい)をもって評するべきでしょう。

■ 若き日のケプラーが提唱したトンデモ理論は意外な花を咲かせる

ケプラーは「楕円軌道の法則」（第1法則）と「面積速度一定の法則」（第2法則）とを発見した時点で、惑星軌道の解明についてひとまず区切りがついたと考え、1609年に『新天文学』という著書の中でこれらの成果を発表します。この『新天文学』には副題が付されており、それを含めた正式な題名は以下の通りです。

“Astronomia Nova ΑΙΤΙΟΛΟΓΕΤΟΣ seu physica coelestis, tradita commentariis de motibus stellae Martis, ex observationibus G.V. Tychonis Brahe”

「ティコ＝ブラーエ卿の観測による、火星の運動の考察によって得られた、因果律もしくは天界の物理学にもとづく新天文学」

人類史上の大発見と称するに値する研究成果です。そのタイトルに、彼はしっかりとTychonis Braheの字を刻みました。このことからも、ケプラーがティコの功績をどれほど尊重し、また感謝していたかが伝わってきます*26。

ただ、ケプラーは二つの法則で満足したわけではなく、さらなる探求心を太陽系に向けていました。1612年にはルドルフ2世の死をきっかけに宮廷付占星術師の役職を退くこととなり、プラハを離れてオーストリアのリンツにて州数学官の職を得ますが、天文学方面の研究も変わらず続けました。

そうして1619年出版の『宇宙の調和』という著書において、ついに「調和の法則」（第3法則）を発表します。これは「惑星の公転周期の2乗が軌道の長半径の3乗に比例する」というもので、つまり楕円の長半径が大きくなればなるほど惑星が一周回るのに要する時間も長くなり、そこに明確な数量関係があることを発見したのです。第1法則や第2法則に比べると幾分インパクトが小さいように見えるかもしれませんが、後にニュートンが万有引力の法則を導くための直接の土台となるのが、他ならぬこの第3法則です（わかりにくいですが、実はこの第3法則の中に引力法則の本質が内包されています）。

ケプラー本人もまた、やや個性的な理由でこの第3法則の発見を喜んでいた節があります。というのも、彼はかつて若気の至りで提唱したあのトンデモ理論、“正多面体太陽系モデル”への憧れを心の奥底で持ち続けていました。もちろん正多面体太陽系モデルそのものは実際の観測結果と全く合わず、彼自身もさすがにもう信じていませんでした。しかし「太陽-惑星間の距離は何らかのルールで決まっているのではないか」という根本理念は健在であり、第3法則はまさしく「そのルールを見つけ出したい」という彼の長年の夢の結実だったのです。

『宇宙の調和』という書名にもその思いは込められています。かつて彼が正多面体太陽系モデルを世に問うた『宇宙の神秘』の、いわば続編という位置づけでケプラーは第3法則を発表しました*27。

---

*26 彼は1627年に皇帝の勅命によって『ルドルフ表』という天文表を製作しますが、この扉絵にも、ティコの天文台があったヴェン島の地図を一部デザインとして採用しています。

*27 『宇宙の神秘』は、若き日のケプラーにとって地動説支持の決意表明のようなものであり、またこの著作がティコの目に触れたことが両者の交流のきっかけでもありました。さらには第3法則の発見に至るための伏線でもあったのです。科学史上において、これほど内容がでたらめであるにも関わらず、ここまで科学理論の本筋に貢献した書籍は他にあるだろうかと考えると、『宇宙の神秘』はつくづく不思議な本でした。

そして『宇宙の神秘』の頃とは違い、ケプラーの傍らには今やティコの正確な観測データがあり、その数値にきちんと基づいた上で、彼は『宇宙の調和』を発表します。そこに示されたのはもはや誰もが苦笑するトンデモ理論ではなく、誰もが真実だと認める第3法則でした。

惑星の公転周期の“2乗”と軌道の長半径の“3乗”が比例する、というのがポイントです。便利な対数グラフなどまだ無かった時代ですが、1乗と2乗くらいならちょっと調べてみようという気に誰でもなります。1乗と3乗でも何人かは挑戦するでしょう。しかし「2乗と3乗の間に関係があるかどうか確かめよう」というのは、相当な熱意がなければ出てこない選択肢です。そもそも「簡単な整数乗で表せる関係がある」という保証自体がどこにもなかったわけで、そういった不確定な状況下で2乗と3乗との比例関係を探し出した彼の執念は、やはり見事だと言わざるを得ません。

ゆえに彼自身も、この第3法則の発見時には大きな達成感を得たようです。ましてや上でも述べたように、その法則はありし日より心の底で希求し続けてきた“惑星配置のルール”でした。これこそが宇宙が秩序立って構成されていることの何よりの証拠だと考えて、彼は第3法則に「調和の法則」という、やや詩的な名称を付します。そして彼の死後、天才科学者ニュートンの手によって、この調和の法則は、真に宇宙全体を貫く「万有引力の法則」へと姿を変えることになるのです*28。

■ ガリレオはケプラーの楕円軌道説をけっして認めようとしなかった

ケプラーからニュートンに至るまでのちょうどその間の時期に、科学史を語る上で不可欠な重要人物が登場します。イタリアの科学者ガリレオ＝ガリレイです。世間一般ではむしろケプラーよりも有名で、「天文学の父」と言えばガリレオのことを指すのが通例です。ただ、これまで見てきたような“天動説vs地動説”の議論の流れを主軸にしたとき、ガリ

*28 ちなみに「2乗と3乗の間に関係があるかどうか」は、現代では対数グラフにプロットすればすぐに判明しますが、そもそも数学において対数の概念自体が考案されたのがちょうどケプラーと同時期であり、むしろケプラーの第3法則によって対数の有用性が世に知らしめられたという節があります。対数については、スイスのヨスト＝ビュルギやスコットランドのジョン＝ネイピアにより研究が進み、それぞれが20年近くかけて1614年（ネイピア*29）と1620年（ビュルギ）に対数表を完成させました。ネイピアの対数表はケプラーの『宇宙の調和』（1619年出版）よりも早くに世に出ていましたが、実際にケプラーが対数を知ったのは第3法則発見後だったようで、彼は「対数は私のルドルフ表にとっては厄介な幸運だった。その表を対数にもとづいて新たに作り直すか、それとも断念するかの岐路に立たされたのです」とコメントしています。ちなみにケプラーは『ルドルフ表』（1627年出版）にきちんと対数表を掲載しており、これにより天文学における対数使用が定着することとなりました。

*29 1614年のネイピアによる対数表は、なぜか対数の底を0.9999999999という不思議な数に設定しており、世の人々からあまり理解が得られなかったようです。しかし約130年後、かの有名な数学者レオンハルト＝オイラーが、そのネイピアの対数から自然対数の底“e”＝2.71828...が導かれることに気づき、これに「ネイピア数」と命名しました。ネイピア数“e”は、今日の数学にとって欠かせない重要な数となっています。

レオは実はそこまで直接的に本幹の理論に関わってくる存在ではありません。それどころか、彼はケプラーの「惑星軌道は楕円である」という仮説を終生認めることはありませんでした。

この件で興味深いのは、ガリレオも地動説派であったということです。つまり、同じ地動説を主張する味方であり、しかもその地動説の可能性を一気に高める理論を提唱したケプラーに対して、ガリレオは支持するどころか猛反対し続けたのです。これはどういうことかというと、やはり「惑星軌道は正円に決まっている」「正円であってほしい」という意識が当時の人々の中でいかに根強かったかということの、一つの明確な証左であろうと思います。

ガリレオはあくまでコペルニクスの地動説を強く信奉しましたが、それは離心円・周転円といった正円のみによって惑星運動を記述する試みであったためです。これは決してガリレオの頭が固かったという話ではなく、逆に歴史に名を残した彼ほどの科学者であっても楕円軌道という考え方には難色を示したということであり、楕円という主張が当時どれほど奇異なものとして人々の目に映ったかをむしろ読み取るべきでしょう。

楕円軌道こそ認めはしませんでしたが、ガリレオは彼なりの方法で地動説の状況証拠を積み重ねていったことは事実であり、それもまた正真正銘の偉業でした。彼が天文学において成し遂げた最も重要な功績は「望遠鏡を用いて星を観測した」ことです。なぜなら、当時の宇宙観では天界は地上から隔絶された神聖領域であり、望遠鏡は“アリストテレスを侮辱(ぶじょく)する悪魔の道具”だとして忌避されていたからです。ガリレオはそういった迷信にとらわれることなく、望遠鏡が発明されるやいなや独自に改良を施し、かなり早い段階で天体観測に使用してみせ、世界中の科学者を驚かせます。その意味で、彼はやはり「天文学の父」だったと言えるでしょう*30。

ガリレオは望遠鏡を用いて月のクレーター、木星の衛星、金星の満ち欠けといったものを次々と観測・発表していきます。これらの発見はすべてアリストテレス哲学およびプトレマイオス天動説に対して着実な打撃を与え、地動説支持を高める材料となりました。

さらに、彼はむしろ物理学の分野において天文学以上に大きな功績を残します。まず挙げるべきは、何と言っても「慣性の法則」です。これによって地球が自転していても鳥や雲が一方向に流されていかないことの論理的説明が可能となり、地動説にとって非常に有利に働きました。慣性の法則はほぼ同時期にデカルトも提唱しており、最終的にはそれらをニュートンがより完全な形で整理し、運動の三法則に組み入れます。したがって、ガリレオはニュートン力学の世界観を設定した人物だと見ることもでき、彼が「近代科学の父」とも称される理由はまさしくその点にあります。

近代科学史をガリレオ抜きで語ることができないもう一つの理由は、彼の有名な“ピサの斜塔”のエピソードに関わる話です。彼は「重い物体であろうと軽い物体であろうと落

---

*30 もしアリストテレスがこの時代に生きていたら、ガリレオと同様、望遠鏡による天体観測を積極的に行っただろうに、と思います。当時の人々が望遠鏡を“アリストテレスを侮辱する悪魔の道具”と呼んでしまった事実は、古い科学の権威化による弊害を最も端的に示すエピソードであり、現代の我々にとってもまた常に教訓として胸に刻んでおきたい事柄です。

下速度は同じである」ということを実証し、アリストテレス以来の「重い物体のほうが軽い物体より速く落ちる」という常識を覆しました。ただし、ピサの斜塔でこの実演を行ったというのは弟子の創作話であるという見方が一般的で、ガリレオが確実に行ったとされるのは、斜めに置いたレールの上に様々な重さの球を転がして速度を比較する、という実験でした。むしろこの“実験”こそが大切な要素です。

というのも、古代-中世科学と近代科学との大きな違いの一つが“実験”にあると言えるからです。これまで何度も述べてきたように、アリストテレスは「物事を観察し、論理的に考え、知識を組み上げる」という学問の基礎を築き上げた人物であり、近代科学においてもそれは継承されました。アリストテレスの根本理念を思い出すことが科学革命の必要条件の一つであったとも言えるでしょう。しかしながら、それはただ単純に昔の精神をそのまま繰り返したということではありません。

アリストテレス哲学における“観察”とは、あくまで自然現象をありのままに見るという意味での観察でした。つまり人工的に装置を作成し、環境を整え、得られた結果を比較するといったような、いわゆる“実験”の概念は含まれていませんでした。人類は近代科学への転換を機に、観察の一手法として能動的な実験が有効であることを学んだのであり、その端緒となったのがガリレオという科学者でした。ニュートンによる運動方程式の発見は正確な実験があってはじめて可能となったのであり、この点においても、ガリレオはニュートン物理学への道を準備したと捉えることができます。

ティコとケプラーは天文学理論の上で2000年来のブレイクスルーを達成しましたが、彼らが依拠していたのがあくまで自然に観測されるデータであったことを踏まえると、科学手法の観点では、彼らはまだ古代-中世科学から脱していなかったとも言えます。もちろん天文学なのでそもそも実験のしようがないというのはありますが、ケプラーの理論を真に普遍化するためにはニュートン力学のような精緻な物理学が必須であり、それを築くためには実験という近代科学的手法が不可欠であったことを考えると、科学革命においてガリレオが果たした役割もやはり非常に大きなものでした。

■ ガリレオ裁判はむしろ科学信奉者の非を象徴しているかもしれない

ガリレオについて、もう一つ有名なのが「それでも地球は回っている」というセリフでしょう。実はこの言葉も後世における弟子の創作であるとする説が有力となっていますが、しかしながら、「ガリレオが地動説を主張したことを理由にローマ教皇庁の裁判において有罪判決を受け、終生にわたり軟禁生活を余儀なくされた」ということ自体は、紛れもない歴史的事実です。

この“ガリレオ裁判”を根拠にして、「近代以前においては宗教が科学を弾圧していた」「近代以降は宗教による理不尽な束縛からついに科学が独立を果たし、人類は合理的精神を獲得した」といった主張を当然のように肯定する時代が、非常に長く続いてきました。現代においても依然として多くの人がその印象に囚われています。

しかし、いまや科学史家の間ではこの捉え方は間違いだとする判断が大勢を占めています。もちろん完全な嘘とは言えない面もあり、また宗教や科学の根幹に関与するデリケートな話題なので、現在もなお議論が尽きない案件ではあるのですが、少なくとも上記のような“宗教に立ち向かう科学の武勇伝”は極めて恣意的であり、大なり小なりの修正が必要である、というのは概ね共通認識だと言ってよいのではないかと思います。

では何故そういった武勇伝が恣意的と言えるのかというと、そもそも地動説を唱えることでカトリック教会から異端扱いされた例が、ガリレオ裁判を除いてほとんど存在しないからです。地動説を擁護したジョルダーノ＝ブルーノという修道士はたしかに火刑に処せられましたが、それは地動説以外の理由（教会批判など）が大きかったのではないかと指摘されています。

実は、当時のカトリック教会は地動説に対して、我々が思っている以上に寛容な態度を示していました。これは思想史的観点からも十分にうなずける事項です。すでに触れたように、12世紀ルネサンスを経て、13世紀のトマス＝アクィナスを中心にキリスト教神学とアリストテレス哲学は融合を果たしました。この時期に育まれた学問体系はスコラ学（“school”と同語源です）と呼ばれますが、このスコラ学も14世紀～16世紀のルネサンス期には衰退の相を呈していました。

この流れは14世紀、すなわちスコラ学後期の学者であるウィリアム＝オブ＝オッカムの思想に象徴されます。いわゆる「オッカムの剃刀」によってキリスト教神学とアリストテレス哲学は再び分離され、スコラ学は勢力を失っていったのです。

オッカムの剃刀とは、たとえば「物体は〈神がそう動かすから〉○○法則に従って運動をする」という説明のうち、括弧内は不要であるから「物体は○○法則に従って運動をする」と簡潔に記述するべきだ、とする考え方です。これは「神は不要だ」「神は存在しない」という論ではなく、いわば「神については神学で、自然現象については哲学（自然科学を含む）で分けて考えよう」という提案でした。

12世紀ルネサンス以降は「哲学は神学の侍女」であったのに対して、14世紀～16世紀のルネサンス期では「人文主義」が花開き、神の支配にとらわれない自由な人間性を重んじる潮流が生まれました。オッカムの剃刀は、まさしく侍女にすぎなかった哲学を神学の元から切り離し、宗教と自然科学とをあくまで別個のものとして論じる土壌を用意したと言えるわけです*31。

つまり、ガリレオの宗教裁判が行われた17世紀には、すでに宗教と科学の分業意識がそれなりに進んでいたということになります。実際、16世紀半ばの時点で地動説を掲げたコペルニクスに対して、カトリック教会は批判どころかむしろ歓迎に近い態度を示しています。

---

*31 この点は、たしかに哲学が神学から“独立”したという解釈が可能です。ただしそれは支配に対抗して勝ち得たという文脈のものではなく、むしろ神学の庇護を離れて哲学がようやく“自立”した、と表現するほうが的確であろうと思います。中世前半のヨーロッパは哲学という概念自体をほぼ失っており、学問と言えば神学のみでした。したがって12世紀にアラブ世界から突如として哲学が持ち込まれたとき、それを受容するためには神学の中に哲学を組み込むという過程がどうしても必要だったのです。そこから数百年を経て、哲学が神学の力を借りず自分の足で歩き始めるまでに成長したというのが、14世紀～16世紀のルネサンス期を規定する大きな背景の一つでした。

もし当時のキリスト教が地動説を敵視していたならば、コペルニクスの『天体の回転について』やケプラーの『新天文学』も、ガリレオの著作同様に発禁処分となっていたはずですが、そういう事実もありませんでした。たしかに『天体の回転について』は、ガリレオ裁判直後に（ある種“とばっちり”のような形で）一時閲覧禁止の措置がとられましたが、逆に言えば1543年の出版から半世紀以上にわたって容認されていたということであり、また裁判の数年後にこの禁止措置は解除されています。

では、どうしてガリレオばかりが宗教裁判にかけられたり発禁処分を受けたり等の憂き目に遭ったのかというと、詳細は不明ですが何らかの政治的陰謀の線が強かったのではないかとされています。彼がケプラーに宛てた手紙の文面等からも読み取れますが、ガリレオはけっして人当たりの良い性格ではなく、むしろ周囲に敵を作りやすいタイプの人間でした。また彼の著作の中には教皇批判ととれる箇所もあり、彼自身が意図したかは不明ですが、教会から目をつけられる個人的要素がコペルニクスやケプラーに比べて大きかったことは間違いないでしょう。

いずれにせよ、ローマ教皇庁は天動説vs地動説の本質とは異なる背景からガリレオ裁判に至ったのではないかという推測が成り立ちます。もちろんオッカムの剃刀がキリスト教神学とアリストテレス哲学を完全に切り離したとまでは言えず、当時の教会側にも天動説に固執する層は少なからずいたでしょう。しかし教会の関心事はあくまで神学および教皇の権威であり、天動説vs地動説の科学論争に対しては一定の距離感を維持していたという面が確かにあったのです。

このガリレオ裁判を“宗教に立ち向かう科学の武勇伝”という構図で捉えてしまうことが、科学を信奉する近現代人の陥りがちな偏見であり、反省点でもあります。冒頭でも触れたように宗教と科学はそもそも方法論のレベルで異なっており、両者を一元的な時間軸で論じようとすると無理が生じるのです。

互いに密接に関わりながらも、宗教には宗教の流れがあり、科学には科学の流れがあるということ。そして天動説から地動説への転換、すなわち17世紀における科学革命は「宗教から科学への革命」ではなく、あくまで「古い科学から新しい科学への革命」であったということ。

たとえ有罪判決を受けようと地球は回っているという主張を貫いた彼の態度は見事であり、近代科学の父と呼ぶに相応しい崇高な気概として語り継がれるべきエピソードです。ただ、ガリレオ裁判に関して我々がもう一歩踏み込んで学び取るべきことがあるとすれば、それは以上のような科学史的観点なのかもしれません。

■ ニュートンが発見した万有引力は、天空と地上をつなぐ法則だった

17世紀の科学革命へと至る系譜として、これまでコペルニクス、ティコ、ケプラー、ガリレオという4人の科学者について述べてきました。そして彼らに連なる5人目の科学者の登場によって、天動説vs地動説をめぐる論争は遂に最終局面を迎えることになります。科学革命における最後にして最大の功労者、アイザック＝ニュートンその人です。

ニュートンはガリレオが死没した1642年、イギリスの寒村ウールスソープにて生誕しました。家は農園を営んでおり、母親も彼が将来農業に従事することを期待していましたが、幼少時から農作業よりも学問のほうに興味と才能を示していたことから、親類の助言によって小都市グランサムのグラマースクールに通うこととなり、神学・哲学・数学をはじめ諸学の基礎を身につけます。

やがて彼は19歳でケンブリッジ大学に入学し、優れた師であるアイザック＝バローとの出会いを経て、彼の下で自然哲学の様々な分野の研究に取り組みます。そして22歳の時、ロンドンでペストが大流行した影響で大学も閉鎖されてしまったため、故郷のウールスソープに戻り1年半ほどの休暇を過ごすのですが、彼はこの休暇中に後の三大業績（物理学の「万有引力」、光学の「スペクトル分析」、数学の「微分積分法」）につながる発見をすべて成し遂げており、“驚異の諸年”とも言われています。

その後、師バローの後継としてケンブリッジ大学の教授職についた彼は、1687年、かの有名な『自然哲学の数学的諸原理（プリンキピア）』を発刊します。「運動の三法則」と「万有引力の法則」によって世界のあらゆる物理現象を体系的に説明してみせたこの著作こそが、その後の人類史を大きく進展させる近代科学創始の鐘の音となりました。

科学と縁のない人にとっては「ニュートンといえば万有引力」という印象が強いのではないかと思いますが、物理学を少しでもかじった経験がある人は、万有引力よりもむしろ運動の三法則の有用性を身にしみて感じていることでしょう。運動の三法則とは、①慣性の法則（力の加わらない物体は等速直線運動をする）、②運動方程式（$\boldsymbol{F} = m\boldsymbol{a}$；力$\boldsymbol{F}$は質量$m$を係数として加速度$\boldsymbol{a}$に比例する）、③作用・反作用の法則（二つの物体は同じ大きさの力を反対向きに及ぼしあう）を指し、一般的な力学現象はこれら三つの法則を用いてすべて正確に計算することができます。

世の中の多種多様な物体運動がたった三つの法則で記述できてしまうことの衝撃は、物理学を履修する誰もが最初に味わう知的感動であろうと思います。逆に万有引力の法則のほうは、あくまで運動の三法則にもとづく力学の一つの応用例のような位置づけで扱われることが多く、「知名度の割には教科書の片隅に載っているんだな……」と拍子抜けした覚えがある方も多いのではないでしょうか。

しかしながら、実は科学史を論じる上ではやはり万有引力の法則のほうが圧倒的に重要なのです。ニュートンの三大業績に数えられるのが「運動の三法則」ではなく「万有引力の法則」であることには理由があります。簡単に言えば、前者は仮にニュートンが発見しなくとも同時代の優れた科学者ならおそらく誰もが自然とたどりついただろう結論であるのに対して、後者はきわめて革新的な世界観にもとづく着想であったということです。

運動の三法則における肝は第1法則、すなわち慣性の法則であり、これはガリレオとデカルトによって既に提示されていました。そして慣性の法則という前提さえ用意されていれば、第2法則の運動方程式（$\boldsymbol{F} = m\boldsymbol{a}$）や第3法則の作用・反作用の法則は、物体運動を正しく観察することで、いわば当然の帰結として発見することができます。つまり三法則のオリジナリティは慣性系を見出したガリレオやデカルトのほうに重心があり、ニュートンはあくまで彼らが敷いた道を素直に突き進んでいっただけ（“だけ”と表現するにはあまりに偉大な功績ではあるのですが）に過ぎないのです。

ニュートンが真に天才的であったのは、運動の三法則で立ち止まらず、それを利用して更に万有引力の法則まで導き出したことです。当時の人々にとって、物理学というのはあくまで“身の回りの物体の動き”を考察する学問であり、慣性の法則および運動の三法則も、本来はその枠組みにおける発見に過ぎませんでした。ところがニュートンは、身近な物理現象から得られた運動の三法則を、あろうことか夜空に浮かぶ天体にもそのまま適用しようと試みたのです。

もし地動説が正しく、各惑星が太陽のまわりを円運動しているならば、惑星には常に太陽へと向かう加速度がかかっていることになります*32。そこに運動の第2法則すなわち運動方程式 $F = ma$ を適用すると、惑星は常に太陽へと向かう力を受けていることになり、その大きさは $F = 4\pi^2 mr/T^2$（r：軌道半径，T：公転周期）であると算出されます。そしてここで、ニュートンはケプラーの第3法則、つまり「T の2乗が r の3乗に比例する」という、あの“調和の法則”を式の中に代入し整理することで、とうとう万有引力の法則 $F = G\,m_1 m_2/r^2$（G：万有引力定数）の式を導出してみせたのです［図9］。

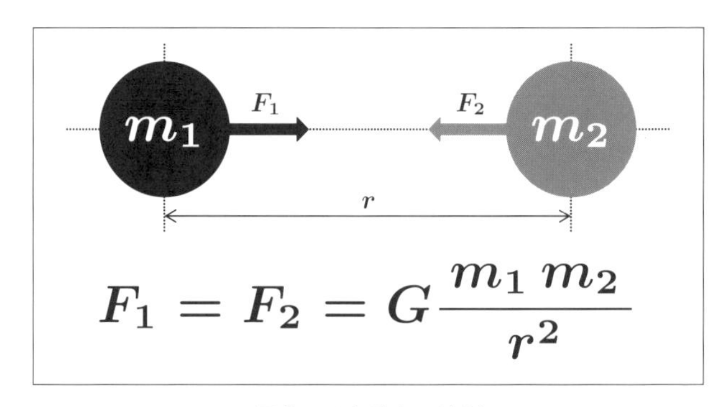

図9　万有引力の法則

そうして我々は、いよいよチェックメイトの瞬間を迎えます。ニュートンはこの万有引力の法則を前提として、惑星の軌道が理論上どのような形になるかの計算を行いました。その結果、彼は次のような解を得ます。「惑星軌道は太陽を一つの焦点とする“楕円”となる」と。まさに全てが一本の線につながった瞬間でした。

身近にある地上の物体も、遥か遠方にある天空の惑星も、まったく同一の単純な物理法則にしたがって運動していたのです。そしてケプラーが提唱した楕円軌道仮説は、それ単体で見ると宇宙の美的完全性を損なう考え方のようにも映りましたが、地上と天空とを貫く普遍的な法則を想起したとき、他ならぬ楕円こそが宇宙にとっての自然解でした。正円という小さなスッキリを捨てることで、我々は宇宙全体をたった一つの物理体系で記述するという、より大きなスッキリを手にすることができたのです。

---

*32 これは彼自身が編み出した微分という数学的手法によって証明されます。

万有引力の法則が楕円という計算結果をはじきだしたこの瞬間、ケプラーの仮説は正しい科学理論として万人が認めるものとなり、その土台であった地動説の優位がついに決定的となりました。人類史に千年以上の長きに渡って君臨し続けたアリストテレス哲学とプトレマイオス天動説はとうとうその役割を終え、ニュートン物理学を柱とする近代科学にその座を明け渡します。まさしくここにおいて科学の「革命」が達成されたのです。

ニュートンについておそらく多くの人が勘違いしていることが一つあり、それは「庭の木からリンゴが落ちるのを見て重力を発見した」という逸話です。ニュートンは重力を発見したわけではありません。近代科学的な力としての重力はガリレオの頃には既に認識されていましたし、もっと言うと、重力と同等の概念はアリストテレス哲学の中にすでに存在していました。古代ギリシャの時代には地球が球体であることが判明していたので、物体が地球の中心へ向かう性質を持つということも当然論じられていたのです。

ではニュートンは一体何を発見したのかと言うと、それは「庭の木からリンゴが落ちるのと同じように、空に浮かぶ月にも地球からの重力が働いているのではないか」という観点です。アリストテレス哲学の特徴は、地上の運動（＝重力あり）と天空の運動（＝重力なし）を完全に二分したことにありました。これは決して不自然な考え方ではありません。地面に落ちるリンゴと地面に落ちない月が共通の物理法則に従っていると思うほうが無理があるでしょう。もし近現代科学を知らなければ、我々も必ずアリストテレス的な発想をするはずです。しかしニュートンはその常識観念を打ち破り、「リンゴも月も同じなのではないか？」という問いを発したのです。

地球がリンゴを引き寄せるのと同一の原理で地球は月を引き寄せ、逆にリンゴや月もまた地球を引き寄せる。そしてこの相互作用は太陽と地球、あるいは太陽と各惑星の間でもすべて同様に生じている。この世界に地上と天空の区別はなく、地球はもちろん太陽でさえも特別な存在ではなく、宇宙において質量をもつ全ての物体は例外なく互いに引力を及ぼしあっている。この普遍的世界観こそがニュートンの見出したものであり、だからこそ彼の法則は「“万有”引力の法則」と呼ばれるのです。

ただ、ここで是非思い出してほしいのは、ニュートンより早くにこの“天地をつなぐ物理法則”を直観した人物がいたということです。それはヨハネス＝ケプラーでした。物理学の対象はあくまで地上の物体であり、天体運動は単なる数学として扱うべきだと考えられていた時代に、彼はただ一人「力の源泉は太陽にある」という物理観念に立ってケプラーの第2法則（面積速度一定の法則）を発見しました。ニュートンが月とリンゴを結び付ける半世紀以上前に、ケプラーは太陽と焚き火を結び付け、ニュートンへと至る道を切り拓いていたのです。

If I have seen further it is by standing on ye sholders of Giants.

「もし私が他の人より遠くを見渡せたのだとしたら、それはひとえに巨人の肩の上に乗っていたからだ。」

ニュートンは知人に宛てた書簡の中でこのように述べています。彼がこの一説で思い浮かべていた巨人Giants（複数形です）とは、近代科学手法を確立して慣性の法則を見出したガリレオ、そして天地をつなぐ発想によって楕円軌道を含む三法則を発見したケプラーの二名であると考えられていますが、その彼らもまたコペルニクスやティコという巨人たちの肩の上に乗っていたのであり、さらにはそうした地動説派の科学者たちが宇宙について論じる学問的土台を築いたのは、他ならぬアリストテレス哲学であり、プトレマイオス天動説でした。

科学革命はただ一人の天才の手によって成されたのではありません。有名か無名かを問わず、また天動説か地動説かを問わず、宇宙論に携わった全ての人物の功績、そして古代・中世・近世と連綿(れんめん)と紡がれてきた科学という営みそのものの質量こそが、この歴史的大転換を引き起こした巨大な力の正体だったと言えるでしょう。

■ 30億kmの遠方にも届く万有引力は30kmの海峡を越えるのに苦労した

宇宙のあらゆる現象を一元的に説明してみせたニュートン物理学でしたが、しかし実は、彼の万有引力の法則に対して科学者全員が一斉に賛同したというわけではありませんでした。それどころか、ヨーロッパ大陸の多くの科学者がイギリス人のニュートンの考え方を「オカルト的である」と言って猛烈に批判したのです。

この批判は一理あります。というのも、万有引力というのは離れた二物体間に働く力であり、これは考えてみればとても不思議な事柄だからです。例えば太陽と天王星の間にも引力は働いていますが、その距離はおよそ28億750万kmです。これほどの距離で隔たれた二つの天体が、まるで最初から相手の存在を知っているかのごとく互いに引き合うというのは、科学というよりは魔法に近いではないか。そう主張する感覚には、正直言って誰しも頷ける所があると思います。

イギリス以外のヨーロッパ大陸の科学者たちは、1644年にフランスの哲学者ルネ＝デカルトが提唱した“渦動説(かどうせつ)”に大きな期待を寄せていました。渦動説とは、宇宙空間は目に見えない「エーテル」という媒質で満たされており、天体運動はそのエーテルの渦(うず)の流れによって引き起こされている、とする仮説です*33。

この渦動説のメリットは、離れた物体どうしに働く「オカルト的」な力を想定せず、天体がエーテルの流れに直接触れることで運動する（川の中で水の流れによって石が回転したり移動したりするイメージ）という、我々の日常感覚に沿った説明が可能であることです。こうした考え方を「近接作用論」と呼び、「遠隔作用論」であるニュートンの万有引力説との間で、その後数十年に渡って論争を繰り広げることになりました。英仏の国境は最狭部約34kmのドーバー海峡ですが、当時のフランスの啓蒙思想家ヴォルテールが「海峡をひとつ越えると、世界がまったく違う原理で説明され、宇宙が異なっている」という皮肉を残しているほどです。

---

*33 エーテルの名称は、先述したアリストテレス哲学におけるエーテルを由来としていますが、概念は別物です。アリストテレスは天体そのものを構成する物質をエーテルと呼んでいましたが、デカルトは天体どうしの空間を満たす透明な物質があると考え、それをエーテルと定義しました。

しかし、1735年にパリ王立科学アカデミーが大規模な地球測量を実施したことによって、この論争に事実上の決着がつきます。デカルトの渦動説では、地球の自転もエーテルの流れによって生じているので、地球はやや縦長の楕円球体になると考えられていましたが、一方でニュートンの万有引力説にしたがうならば、遠心力によって地球はやや横長の楕円球体になるはずでした。測量結果は、ずばり後者を裏付ける内容だったのです。この検証を経て、エーテルの存在やそれに基づく渦動説は否定的となり、「近接作用論」ではなく「遠隔作用論」が現実味を帯び、ニュートンの万有引力説が正しいという認識が、ようやくドーバー海峡を越えてヨーロッパ全土に広がっていったのです。

■ 古代に生まれたエーテルは近現代の激動の科学史の立会人となった

二千年以上の昔、かのアリストテレスが、宇宙空間に浮かぶ天体は“土”“水”“空気”“火”のどれでもない第五元素であるとして、「常に輝き続けるもの」の意で提唱した“エーテル”。その名は長きにわたるアリストテレス哲学の時代が終わり近代科学が芽生えた後も、形を変えてデカルトの渦動説の中にしばらく生き続けましたが、やがてその渦動説までもが否定され、ニュートンの万有引力説が確固たる地位を築きあげると、それをまるで見届けるようにして科学史から姿を消してゆきます。

ところが、これもまた科学史の妙ですが、19世紀になって“エーテル”は再び宇宙物理学の議論の場に登場します。その発端は「光とは何なのか」という疑問です。先述の通り、ケプラーは惑星軌道の計算のかたわら光の減衰についての研究を行い、またニュートンに関しても三大業績の一つに光のスペクトル分析が挙げられますが、それらはあくまで光学という一分野に過ぎず、物体の運動や力といった物理学の本流からはやや距離がありました。しかし、近代物理学の形が徐々に整い、身の回りのあらゆる現象が理論的に説明可能となる中で、いよいよ光というものの特殊性が際立つようになり、その正体についての論争が、とうとう物理学そのものの方向性を左右する事態となってきます。

小学生の頃の理科の授業で、光の反射や屈折について習ったのを覚えている方も多いでしょう。それらは、実は世の中の様々な「波」に共通している性質であり、したがって「光も波の一種ではないか」という予想が容易に成り立ちます。ところが問題は、ニュートン物理学の考え方では、波というのは「何らかの媒質を伝わることによって生じる現象」であるという点です。水面の波はもちろん水を伝わる波であり、また音は空気を伝わる波です。そのため真空中では音は聞こえません。では、真空の宇宙空間でも伝わる光がもし波の一種であるとするならば、その媒体はいったい何なのか。その問いに対して、宇宙空間を満たす媒質“エーテル”がまたもや想定されることとなったのです。

この議論に拍車をかけたのが、1864年、イギリスのジェームズ＝クラーク＝マクスウェルによって発表された「電磁方程式」です。近代物理学から現代物理学に至るまで一切の修正なく、電磁気現象を正確に記述できるこの有名なマクスウェルの方程式の登場によって、ある「波」の存在が予測されることになります。その波は「電磁波」と呼ばれ、その速度は$v = 1/\sqrt{\varepsilon\mu}$であることがマクスウェル方程式から導かれるのですが、このε（誘電率）とμ（透磁率）に実測の値を代入して計算すると、当時知られていた光の速度にほぼ一致する数値が得られたのです。このことから、「光は電磁波の一種なのではないか」という推測が生まれました。

結論から言うと、この推測は正解なのです。しかし光が電磁波の一種だとするならば、近代物理学では様々な矛盾が発生します。電磁波である光の媒質としてエーテルが宇宙空間を満たしていると仮定すれば、エーテルの中を地球が移動していることで「エーテルの風」の影響を受けるため、季節によって光速の測定値に変化が出てくるはずですが、1887年のマイケルソンとモーリーの実験では十分な精度であったにも関わらず、その変化は観測できませんでした。この結果を説明するために「地球がエーテルを引きずっている」とする仮説も出されましたが、その仮説はその仮説で、1728年にジェームズ＝ブラッドリーが観測に成功した「年周光行差」（例の「年周視差」とは異なりますが、それに近い概念です）の存在と相容れないものでした。

もう一つの矛盾は、そもそもマクスウェル方程式から導かれる電磁波の速度$v = 1/\sqrt{\varepsilon\mu}$には、「誰から見ての速度なのか」という要素が含まれていないという点で、これはとても奇妙なことでした。たとえば電車の窓から同じ方向に進む電車を見ると止まっているように見えるように、「観測者の移動速度が変われば観察対象の速度も変わってくる」というのが常識ですが、もしもこのマスクウェル方程式が示す電磁波の一種が光だとすると、「どんな速度で動いている人から見ても光の速さは常に同じ」という、ありえない結論になってしまうのです。このように観測者の速度を変えることを【慣性系のガリレイ変換】と呼びますが、ニュートンの運動法則がガリレイ変換後も成立するのに対して、マクスウェルの電磁方程式はガリレイ変換によって破綻してしまう、いわば不完全な物理法則だと解釈される向きさえありました。

20世紀に入り、この何とも歯切れの悪い状態をついに解決してみせたのが、皆様ご存知のアルベルト＝アインシュタインです。彼は有名な特殊相対性理論の中で、常識的にありえないと思われた「光速度不変」を肯定し、ニュートンの運動方程式に修正が必要であることを示しました。その肝は、観測者の速度を変える際の計算として、厳密には【慣性系のガリレイ変換】ではなく【慣性系のローレンツ変換】が必要であるという視点です。マクスウェルの電磁方程式はローレンツ変換で不変である一方、ニュートンの運動法則はローレンツ変換で崩れてしまうため、修正が必要になります。ざっくり述べるならば、“不完全な物理法則”はマクスウェルの電磁方程式ではなく、ニュートンの運動法則のほうだったのです。

絶対の真理だと1000年以上にわたって信じられたアリストテレス哲学を覆し、近代科学を築き上げたニュートンの物理学も、これまた300年近くの間に権威化されつつありました。「あのニュートンが間違っているはずがない」という強固な観念が形成されつつある中で“疑う”ことができた人物こそがアインシュタインであり、そのための確かな足場を用意した一人がマクスウェルでした。特殊相対性理論によって、光を含む電磁波は、エーテルという“媒質”ではなく電磁場という“場”の振動による波であることが示され、したがってエーテルという概念は今度もまたもや否定されることとなり、新しい現代物理学の誕生を見届けるように消えてゆきます。

現代物理学では、この宇宙には「電磁力」「強い力」「弱い力」「重力」の4種の力があるとされますが、このうち「電磁力」の根本理論がマクスウェル方程式であり、電磁場の振動によって生じる電磁波もこの方程式から導出されます。一方で、「重力」を記述する根本理論が、ニュートンの万有引力を拡張したアインシュタイン方程式であり、これを提唱したのが一般相対性理論です。そしてアインシュタイン方程式からは、重力場の振動によって生じる「重力波」も導出されます。この重力波は観測がかなり困難だったのですが、アインシュタインの予言からちょうど100年後の2016年に、米国の研究チームがついに直接検出に成功し、その存在が証明されました*34。

現代物理学で一つ注目しておきたい点は、電磁場や重力場などの「場」の理論を踏まえていることです。「場」の考え方は、わかりやすく言うとトランポリンです。トランポリンの真ん中に、重い鉄球を載せると、当然ながら鉄球の重みで真ん中がへこみます。そして次に、トランポリンの中心から少し離れた場所に2個目の鉄球を載せると、一瞬その場所もへこみますが、やがて真ん中の鉄球に引き寄せられて行って、二つの鉄球はくっつきます。宇宙空間に存在する二つの物体の間に引力が生じて互いにくっつこうとするのは、このトランポリンにおける現象のようなものだ、とアインシュタインは考えたのです。

前トピックを思い出してください。ニュートンの万有引力説が当初イギリス以外のヨーロッパで不人気だったのは、「離れた二つの物体の間に力が働く（遠隔作用）なんてオカルトだ」という考えがあり、だからこそ、「エーテルという媒質の流れ（近接作用）で天体の運動を説明しよう」というデカルトの渦動説が生まれたわけです。ところが実験により渦動説は否定され、アリストテレス以来の近接作用論の時代は終焉を迎え、ニュートン物理学による遠隔作用論の時代へと切り替わりました。しかし現代物理学では、重力や電磁力の発生は上記のような「場」の概念によって説明されることとなり、これはある意味で“近接作用論の復活”とも捉えることができるのです*35。

1000年以上続いたアリストテレス哲学の中で、天空の物質として人類の歴史を見守り続けてきたエーテルは、形を変えて渦動説の媒質として生まれ変わったと思えば、まもなく自らの消滅をもって、遠隔作用論であるニュートンの万有引力説を世に普及させました。そして、またもや光の媒質として召喚されたと思えば、再び自らの消滅をもって、今度は近接作用論であるアインシュタインの相対性理論を完成に導きました。近現代の激動の科学史の節目に際して常に存在していたその名は、今はもう物理学の世界で語られることはほとんどありません。

しかしながら、寂しく思う必要はありません。現代でも化学の分野においては、“エーテル”の名称がしっかり残っています。アルコールの異性体として、ジエチルエーテルや

---

*34 我々地球上の生物に備わった「目」という感覚器官は、宇宙の四つの力のうち電磁力の場の振動（電磁波）を認識できるように進化しており、それで認識したものを我々は昔から「光」と呼んでいたのです。もしかしたらこの宇宙のどこかには、電磁波ではなく重力波を認識する「目」を持った生命体がいるかもしれない、などと考えると、心がソワソワしてきますね。

*35 正確には、電磁力の分野では、ファラデーの考え方とそれを背景としたマクスウェル方程式により近接作用論が近代の時点で完成していましたが、それが重力にも拡張されることで、近接作用論が物理学全体の主流に返り咲いたのが現代です。

ジメチルエーテルなどを化学の教科書で学んだ記憶がある方も多いでしょう。最初にジエチルエーテルが発見されたとき、アルコール以上の揮発性（すぐに蒸発してしまう性質）から、「本来天空にあるべき物質が元の場所に帰ろうとしているのかもしれない」ということで、“エーテル”と名付けられたのです。エーテルは現代産業においても様々な場面で溶媒等として活躍しており、人類史に寄り添いながら、「常に輝き続けるもの」というその名を今も体現し続けています。

■ 地動説モデルによって生じる星の“ブレ”は実は2種類あった

前トピックでは話が現代物理学まで進んでしまいましたが、ここからまた天動説vs地動説のストーリーに戻りましょう。地動説には、まだ倒せていない究極の“敵”が残っていたはずです。そう、「年周視差問題」です。もしも地球が太陽の周りを回っているのならば、地球から見た様々な星の角度は一年の周期で“ブレ”なければならない。それが年周視差でした。ところがその年周視差は人間の肉眼で観測できる理論上の最大精度よりもずっと小さく、さらには17世紀の望遠鏡の技術でもやはり検出不可能だったのです。

1627年にケプラーが自らの法則をもとに作成した『ルドルフ表』が従来の星表の30倍という驚異的な精度をはじきだしたこと、そして1687年にニュートンが『プリンキピア』で発表した万有引力の法則によりケプラーの仮説である楕円軌道が算出できたことから、科学界において地動説はもはや定説となっていました。しかしながら、それらはいわば“状況証拠”であり、やはり年周視差という“物証”が見つかるまでは、地動説が100%正しいとは言い切れない。そういう状況がしばらく続いたのです。

望遠鏡の精度が向上した18世紀、年周視差の牙城を崩す嚆矢（こうし）を放ったのは、イギリスの天文学者ジェームズ＝ブラッドリーでした。彼は1725年からロンドン郊外に精密な空気望遠鏡を設置し、天頂を通過するりゅう座γ星を観測し続けました。そして1728年、ついに一年周期で生じる星の“ブレ”を検出したのです。

ところが、その“ブレ”はどうも様子が変でした。年周視差というのは本来、星の位置が太陽の方向にずれるはずです（＝太陽を中心とする時計盤の上方に星が存在する状況で、地球が時計盤の3時の位置にあるときは、地球から見た星はやや9時側方向に寄り、地球が時計盤の9時の位置にあるときは、地球から見た星はやや3時側方向に寄るはず）。しかしブラッドリーが観測した“ブレ”は、あろうことか太陽の方向に対して垂直だったのです（＝地球が時計盤の3時の位置にあるときは、地球から見た星はやや12時側方向に寄り、地球が時計盤の9時の位置にあるときは、地球から見た星はやや6時側方向に寄っていた）。

「念願の年周視差をついに捉えた！」と喜びかけたブラッドリーですが、その“ブレ”の方向の不一致に頭を抱えます。そして考え抜いた果てに、彼は重大なことに気付きました。「地球が太陽の周りを回ることで生じる星の“ブレ”には、実は2種類あるのではないか？」と。

ここで話の鍵となるのが「光」の存在です。光についてはやはり古代ギリシャの時代から議論がなされていましたが、基本的には「光の速度は無限大である」、つまり光が放たれてからそれが届くまでの時間のラグは0である、という考え方が大勢を占めていました。ところが17世紀の科学革命の時代、デンマークの学者オーレ＝レーマーは、1676年に人類で初めて光の速度の測定に成功し、21.3万km/sであると結論付けたのです。木星の衛星イオが木星に隠れる周期を利用した見事な発想でした。実際の光速である約30万km/s（299 792 458 m/s）と比較すると精度の問題はあったものの、「光に有限の速度がある」と証明したことは非常に大きな功績でした。

さて、光に有限の速度があるということは、要するに光はとてつもなく速いというだけで、本質的には「雨」と同じなのです。雨の日に電車に乗っているとき、窓の外の雨の線がどう見えるかを想像してください。電車の前から後ろに向かって、“斜め”に降っているように見えるはずです。雨が真上からまっすぐに降っていても、動く電車から観察すると、まるで「前から傾いて降ってきている」、つまり「雨の開始点は真上よりも少し前にずれている」ように見えてしまうのです。そして雨を光に、電車を地球に置き換えると、「地球が進んでいる方向に光の開始点がずれているように見える」はずです。そしてもし地球が太陽のまわりを回転しているならば、半年たてば（つまり半周すれば）地球の進行方向は真逆になるため星のずれ方も逆になり、さらに半年たてば（合計一年たてば）星のずれは元の向きに戻るはずです。

ブラッドリーは、自分の観測結果がまさしくこのタイプの“ブレ”と合致することに気付き、「年周視差」とは異なる第二の“ブレ”として「年周光行差」と名付けます。結論から言うと、「年周視差」はこの時代の望遠鏡の精度をもってしても捉えることができないほど小さい値だったのですが、比較的大きな値である「年周光行差」のほうだけは捕捉できたのです［図10］。

ブラッドリーの観測は、本来の目的である年周視差が検出できなかったという意味では「失敗」と表現されますが、年周光行差の検出によって地動説の証明を事実上の完成へと導いたという意味では「大成功」でした。なぜなら年周光行差が観測されたということは、地球が一年を通して少しずつ運動の方向を変化させている、つまり「回転運動をしている」ことの証明に他ならないからです。先ほどは地動説の“物証”は年周視差であると述べましたが、年周光行差もまた十分に“物証”に値するものでした。

また、想定されていなかった年周光行差の概念を新たに発見したことで、地動説以外の部分に関わる副産物を生んだ点も「大成功」要素でした。ブラッドリーは年周光行差の観測結果をもとに光の速度を計算し、30.1万km/sという値を得ます。これは先述した1676年のレーマー以来、人類史で二番目に得られた光速値であり、前回の21.3万km/sよりも真の値にさらに近づいたことも特筆すべきでしょう。

光速はこの後、マクスウェルの方程式から導出される電磁波の速度との一致を契機として、近代物理学から現代物理学への変革における最重要テーマとなることは、前トピックにて述べたとおりです。またやはり前トピックにて一瞬だけ触れましたが、光の媒質エーテルの有無が議論された際に提唱された「エーテルの引きずり仮説」に対して、年周光行差の存在が明確な反論になるという展開も待ち受けており、ブラッドリーの観測は、いわば近代から現代物理学に至る伏線を二重三重に内包した、非常に意義深い科学的成果でした。

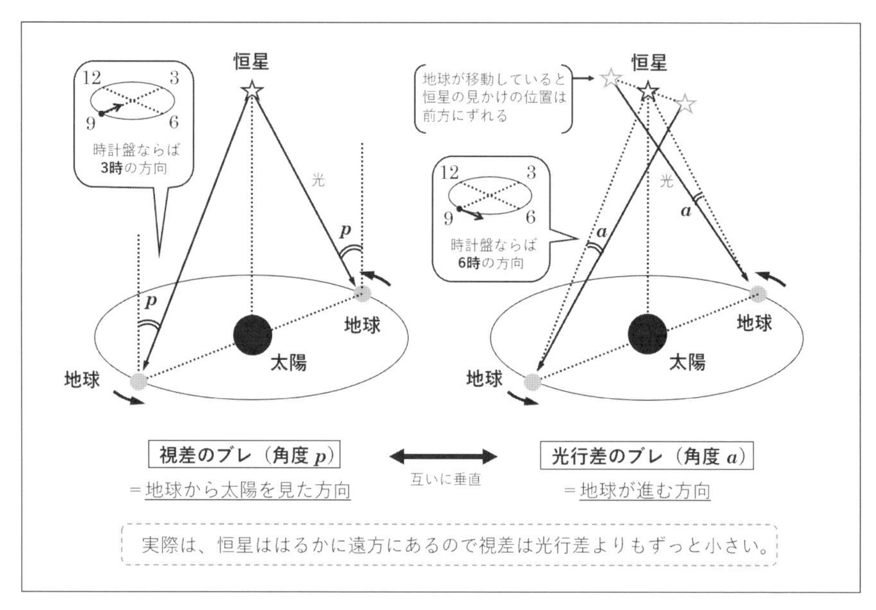

図10　年周視差と年周光行差

■ 地動説の最後の課題は19世紀になってとうとう解決された

18世紀のブラッドリーによる年周光行差の観測によって、地動説は一つの“物証”を獲得し、「地球が太陽の周りを回っている」という考え方は、もはや盤石（ばんじゃく）なものとなっていました。しかし天文学者たちは、よりいっそう直接的な“物証”である年周視差の観測を追求し続けました。

かつてのように存在するか存在しないかが曖昧な状況ではなく、地動説が正しいという可能な限りの傍証はすべて完了し、「年周視差は必ずある」と誰もが確信できるようになっていました。人間の目では一切捉えられず、また当時の望遠鏡の精度でも検知できなかった、夜空に輝くほんのわずかな星の視差。観測できないその極小値に対し、論理的な思考を一つ一つ積み重ねることで「存在する」という確信に至ったこと自体が、人類の叡智（えいち）の勝利でした。

しかしながら、我々が歩んできた長い科学史の中で、「地球が動いているかもしれない」という発想が出現するたびに、ことごとくその発想者の道を阻んでは天動説側に引き戻し、真の宇宙像を覆い隠し続けてきた大いなる“敵”、年周視差問題。科学革命を通して近代科学理論を打ち立てた人類は、ついにその“敵”の攻撃を飛び越えて地動説側へと歩を進めることができたわけですが、もし地動説にとっての画竜点睛（がりょうてんせい）があるとするならば、その永年の宿敵と正面から対峙（たいじ）し、堂々と打ち倒すことに他なりません。

理論は十分に揃っています。あとは純粋な技術力（望遠鏡の精度）の向上。そして、かつてあのティコ＝ブラーエがヴェン島にて全身全霊をかけて実践したような、根気強い観察と緻密な記録。すべての天文学者にとっての原点にして基本である「天体観測」こそが、最後の戦いに勝つためのたった一つの手段でした。

果たして決着の時がやってきます。ブラッドリーが年周光行差を発見してからさらに約100年を経た1838年。ドイツの天文学者フリードリヒ＝ヴィルヘルム＝ベッセルが、ケーニヒスベルクの天文台において、はくちょう座61番星の視差の測定に成功し、その年周視差が0.314秒（＝0.00008722度）であることが遂に判明しました。この広い広い宇宙の中で、確かに地球は太陽の周りをまわっていて、遥か彼方に見える星の光は、本当にごくごくわずかながらも、地球の動きに伴ってしっかりとブレていたのです。

思い出してください。紀元前3世紀、かのアリスタルコスが『太陽と月の大きさと距離について』を著し、人類で初めて地動説理論を提唱したとき、「でも年周視差が無いじゃないか」という周囲からの反論に対して、彼はこう答えたのです。「年周視差はあるはずだ。ただ夜空の星があまりに遠い場所にあるために、年周視差が小さすぎて、人間の目では視認できないのだ。」

精密機器はおろか三角関数すら発明されていなかった時代に、太陽と月をめぐる身近な天体現象を自分の目で注意深く観察し、その結果から論理を一つ一つ組み上げていって、地動説、太陽系、さらには宇宙の無限に近い広さまでをも明瞭に推察してみせた稀代の天才学者アリスタルコス。当時は人々に受け入れられなかったその仮説を、人類は、2000年という時間をかけて磨き上げた知識と技術の粋を結集させ、とうとう直接的に証明してみせたのです。

■「それでも地球は止まっている」という主張も完全否定はできない

人類の科学の歴史とともに興り、長きにわたってその最たる関心事であり続けた「天動説vs地動説」の壮大な物語は、これにて幕引きとなります。そして現代の科学においては、小学校の理科の教科書にも、地球の「自転」、そして「公転」という言葉がしっかりと記載されています。地動説はもはや現代人の常識となりました。

世の中全体がまだ天動説だった時代に、ガリレオが「それでも地球は回っている」と言い放ったという逸話は有名ですが、では逆に、この現代社会で「それでも地球は止まっている」と主張する人が現れたらどうでしょうか。大抵の場合その人は怪訝な目を向けられてしまうと思いますが、実は、現代宇宙論において「それでも地球は止まっている」という考え方も“一応は可能”なのです。

このことを理解するには、今更ではありますが、「天動説」と「地動説」という言葉の定義を整理しておく必要があります。17世紀の科学革命より以前の時代、天動説は「地球中心説」を、地動説は「太陽中心説」を意味していました。すなわち「地球が止まっているか動いているか」という議論は「宇宙の中心が地球なのか太陽なのか」という議論と完全に一致していたのです。

しかし17世紀の科学革命で、ニュートンが万有引力の法則を発見したことで、アリストテレス以来の天動説が否定されたことは今まで述べてきた通りですが、実はこのとき従来の地動説（＝太陽中心説）も同時に否定されてしまったのです。なぜなら万有引力の法則にしたがうならば、太陽が地球に引き寄せられている一方で、太陽もまた地球にわずかながら引き寄せられていて不動ではないということが導かれ、さらには、当時の望遠鏡でも年周視差が検出できないほどの遠方に恒星があるにも関わらずその光が地球に届くということは、それらの星が太陽かもしくはそれ以上の大きさと輝度を有するということであり、要するに「太陽はこの宇宙に存在する無数の恒星のうちの一つに過ぎない」ということが判明したからです。

地球が他の惑星とともに太陽の周囲を回転運動しているという意味では「地動説」と呼ばれ続けますが、こうした太陽系のようなグループはこの宇宙にたくさんあり、どれが宇宙の中心かわからないという点で、それまで地動説と表裏一体であった「太陽中心説」は消滅してしまったのです。「地球も特別ではないが太陽も特別ではない」、それが万有引力説によって導き出された答えでした。

ところが、事態は意外な展開を迎えます。1728年のブラッドリーによる年周光行差の発見が地動説の物証の一つとなったことは先述しましたが、実はこの発見によって再び「太陽中心説」が現実味を帯びてきたのです。

どういうことかというと、ブラッドリーが年周光行差から算出した光速30.1万km/sは、「どの星からの光を計算しても全て同じ値」だったのです。1718年にはエドモンド＝ハレー（有名な「ハレー彗星」の軌道計算を行った学者です）によって、恒星が宇宙空間を移動（＝固有運動）していることが明らかにされました。したがって恒星の一つである太陽もまた宇宙を泳いでいて、地球はその太陽を追いかけながら回転運動をしていることが予想されたのですが、ここで矛盾が生じます。もし太陽（とそれに付随する地球）が宇宙空間をある速さで移動しているならば、前方の星からと後方の星からでは、地球に届く光の速度に差が生じるはずなのです。

つまり、ブラッドリーの観測結果に基づくならば、「他のあらゆる恒星は宇宙空間の中を移動しているのに、太陽だけは何故かスピード0で宇宙空間の中で静止している」という結論になります。もちろんこれだけで「太陽が宇宙の中心である」とまでは言えませんが、少なくとも「太陽は特別な恒星である」という認識が復活したのです。あまり知られていませんが、この“ちょっとだけ復活した太陽中心説”は、現代物理学が誕生する直前まで（すなわち20世紀初頭まで）科学者の間で定説になっていました。

しかし、この太陽中心説を再び棄却することになったのがアインシュタインの相対性理論です。彼はニュートン物理学で前提とされていた「絶対時間」と「絶対空間」の概念を放棄し、光速度不変の原則にもとづく新たな物理体系を提唱しました。そしてその理論を用いて光行差をより厳密な形で算出し、観測結果との一致を得ます*36。簡潔に表現するならば、「太陽が動いていてもブラッドリーの観測結果には矛盾しない」ことがわかったのです。相対性理論によって、太陽はふたたび“特別な星”から“ありふれた星の一つ”に戻りました。

---

*36 アインシュタインは自身の理論が正しいという確信を得たきっかけの一つとして、「相対性理論で光行差現象を説明できたこと」を挙げています。

そして相対性理論は、ニュートン以来の「絶対空間」（＝エーテル静止系）を否定したことに伴い、その名の通り「全ての運動は相対的なものである」という考え方に立ちます。すなわち、「物体Ａが物体Ｂから見て10km/sで動いている」ということは言えますが、「物体Ａが宇宙空間で10km/sで動いている」ということは言えません。宇宙には絶対の座標系というものは設定できず、想像がなかなか難しいですが「端も存在しないし中心も存在しない」というのが、現代における一般的な宇宙論です。

であるとすれば、現代では「地球が動いている」という表現も、実はかなりアヤシイことにお気づきいただけるかと思います。先ほど「地球が止まっている」という考えが“一応は可能”と述べたのも、その意味においてです。ただし“一応は可能”という表現さえも少々語弊があり、正確には「地球は動いているとも止まっているとも言えない」とするべきなのです。

ただし、運動の基準座標を一時的に（あるいは近似的に）設定するならば話は別です。我々の住む太陽系は、渦巻き状の天体集合である「銀河系*37」の中に位置していることが、現代の観測技術により判明しています。この銀河系に基準座標を設定した場合（銀河系自体も他の銀河に対して運動していることがわかっていますが、それをスピード0とする系を想定するならば）、太陽は銀河系の中心に対して円周方向に約240km/sの速度で移動していて、地球はその太陽の周りを回転しています。その座標系で年周視差や年周光行差を踏まえれば、「太陽が地球の周りを回転しているというのは間違いで、正解はその逆である」と明確に断言できるのです。この意味において、現代宇宙論は「地動説」であると表現できますが、古代や中世の太陽中心説としての地動説、あるいは近代における絶対空間を前提とする地動説と比較し、少々趣が異なっていることは注意すべきです。

また何より、全体の冒頭で触れたように、将来において現代物理学自体が根本から覆される可能性もゼロではないことを我々は承知しておかねばなりません。

原理的には、（現在分かっている観測情報を全て考慮したとしても）あらゆる天体の運動は天動説でも正確に記述できます。惑星の動きにはかつての周転円（楕円になりますが）を復活させればいいですし、年周視差の説明には恒星用の小さな楕円軌道を新たに作ればいいわけです。ただ、その宇宙像では力学モデルが破綻します。具体的に言うと、ニュートンの万有引力説、およびそれを踏襲したアインシュタインの重力理論に合わなくなり、それらと比べて圧倒的に複雑怪奇な力学体系が出現することになります。しかし、もしこの先ニュートンやアインシュタインの理論が「小さなスッキリ」に過ぎないことが判明し、それを捨てることで「より大きなスッキリ」が得られるという状況が到来すれば、場合によっては天動説が再び日の目を見る可能性もゼロではないのです。

科学の本質は“疑う”ことにあります。ここまで天動説vs地動説の物語を一緒に辿(たど)ってきた皆様の心の中にも、もはや十分な実感を伴った教訓として刻まれているのではないでしょうか。だからこそ、地動説の現代において「それでも地球は止まっている」という

*37 宇宙に無数に存在する銀河の一つ。「天の川銀河」とも呼びます。

主張があったとしても、愚の一言で片付けてしまうのは早計です。それは新しい科学につながる芽かもしれないのです。

■ 科学革命はプラトンとアリストテレスの時代を超えた再会だった

おそらく世間の人々の多くは、天動説vs地動説については、「人類は中世までは宗教のせいで天動説を信じていたが、近代以降は科学のおかげで地動説であることに気付き、常識の大転換が起きた」くらいの認識ではないかと思います。僕自身も科学史を詳しく勉強するまではそうでした。しかし、そんな一文でまとめればほとんど間違いになってしまうほどの奥深いドラマ、面白いドラマが存在することに、皆様もお気づきいただけたのではないかと思います。

ここで、冒頭において僕が述べたことを思い返してみてください。「人類史上もっとも偉大な発見をした科学者は誰だと思いますか？」という問いに対して、僕自身は「ヨハネス＝ケプラー」と答えると書きました。もちろん個々人の考え方や好みの違いはあると思いますが、この問いに対してケプラーの名を一番に挙げる人がいても不思議ではないなと、今なら多くの人に納得していただけるのではないでしょうか。

やはり、ケプラーによる「惑星軌道は正円ではなく楕円だった」という発見の凄まじさは格別ではないかと思います。何千年ものあいだ人類の目には“完全な円”としか見えませんでした。科学者として理論の美しさにこだわればこだわるほど逆に強固となったであろうその固定観念に対して、疑いの目を向けることができたのはヨハネス＝ケプラーただ一人でした。たとえば、ケプラーの大きな業績の一つである「惑星の公転周期の２乗は軌道の長半径の３乗に比例する」という第３法則（調和の法則）については、彼以外の科学者が独自に同じ結論に辿り着いていた例もあるのです。しかし、その科学者であっても第１法則（楕円軌道の法則）にはさすがに思い至りませんでした。

ちなみにケプラー第３法則を独自に発見したとされるのは、実は日本人です。江戸時代の麻田剛立（あさだごうりゅう）という天文学者（本業は医者でしたが）なのですが、彼は『五星距地之奇法（ごせいきょちのきほう）』という書物の中でケプラー第３法則と同等の法則を導出しています。ただし、ケプラーの三法則の発表からは200年近く経過しており、いくら鎖国中とはいえ当時国内にも蘭学書物としてケプラーの業績が記載されたものは既に輸入されていたはずですから、独自性については諸説あります。しかしながら、麻田が系統的な蘭学研究をしていなかったことや、もしケプラーの業績を知っていたならば、第３法則だけ取り上げて第１法則にも第２法則にも触れない（正円の前提で第３法則を記述していた）のは不自然であることなどから、「おそらく独創だっただろう」というのが通説です。彼はその他にも江戸期の日本において数々の天文学的成果を残しており、現代では国際天文学連合が定める月の正式なクレーター名一覧の中に、「Copernicus（コペルニクス）」「Kepler（ケプラー）」「Newton（ニュートン）」などという錚々（そうそう）たる顔ぶれに並んで「Asada（アサダ）」の名前も見ることができます。

第３法則の独自発見という点では麻田剛立もまた相当な天才であったことが推察されますが、しかし同時に、「それほどの天才であっても楕円軌道には気付けなかった」ということが浮き彫りとなります。ケプラーと麻田の違いがもしあったとするならば、それは「ケプラーの側にはティコがいた」ということかもしれません。ティコの観察眼とケプラーの発想力、おそらくその二つが出会わなければ17世紀の科学革命の動力は生まれませんでした。

そしてそのことは、当時日本としては縁の遠かった、とある“長いスパンの思想の流れ”でも捉えることができるかもしれません。ティコは、中世の学問世界で支配的であったアリストテレス哲学の薫陶（くんとう）を受け、その基本である「観察」という一点を極限まで突き詰めました。一方、そこからはるか過去へと時を遡った古代ギリシャにおいて、アリストテレスには偉大な師がいました。その名をプラトンと言い、アリストテレスに匹敵する大哲学者だったわけですが、興味深いことに、彼らは師弟関係であるにも関わらず「根本思想は互いに真逆」でした。

図11 『アテナイの学堂』の一部〈Wikipediaより引用〉

ルネサンス期の有名な絵画『アテナイの学堂』に、彼ら二人の考え方の違いがよく表現されています。絵画の中でプラトンは指を天に向けているのに対して、アリストテレスは手のひらを地面に向けているのです[図11]。アリストテレスはこれまで述べてきたように、まずは現実の事象をよく観察することを重視したのですが、プラトンは逆に「目の前の個々の現実像にとらわれず、その背景にある理想像（イデア；英語のideaの語源）を大切にしなさい」ということを説いた哲学者でした。

プラトンの思想はやがて3世紀頃に、古代ローマの哲学者プロティノスらによってさらに研ぎ澄まされた形で解釈されていき、“新プラトン主義”と呼ばれる潮流を形成します。そしてその「万物は完全なる一者から流出したものである」「地上界は仮初（かりそ）めであり天上界にこそ真実がある」といった考え方は宗教と親和性が高く、初期キリスト教を代表する神学者アウグスティヌスの思想に強く影響を与えたことが知られています（彼のもとで新プラトン主義とキリスト教の統合が果たされたことが西洋思想史における最重要の出来事だったと捉える学者もいます）。その後、古代ローマ帝国の崩壊によってヨーロッパからは哲学の営みが失われ、キリスト教とそれに基づく神学のみが残り、一方でアリストテレスを中心とする哲学はアラブ世界のイスラム教徒たちに受け継がれていったことは先のトピックで述べたとおりです。もちろん実際の思想史は単純ではありませんが、あえてざっくり述べるならば、中世においては「プラトン思想はヨーロッパのキリスト教神学に引き取られ、アリストテレス思想はアラブ世界のイスラム哲学に引き取られた」のです。

やがて二度のルネサンスによって、アラブ世界からヨーロッパへとアリストテレス哲学が再び持ち込まれたことが、コペルニクスやティコのような天文学者の登場につながったことも先述したとおりです。一方で非常に面白いのは、ケプラーはもともと神学部でプロテスタントの牧師を志しており、神学の中でも特に新プラトン主義に強く興味を示していたという事実があります。完全なる一者の想定、そして地上界より天上界に主体を置く思想からは太陽崇拝的な要素が導かれ、それが当時の地動説＝太陽中心説に影響を与えたという見方もありますが、もしかするとそれ以上にケプラーの学問的衝動を生み出したのは、元祖プラトンの「個々の現象ではなく背景の原理に注目せよ」という理念であったかもしれません。「宇宙には何かスッキリした法則があるはずだ！」という確信から、あの“正多面体太陽系モデル”というトンデモ理論を発表したことこそが、科学者としての彼の原点でした。

アリストテレスの現実主義的な学問姿勢を忠実に体現し、「観察」という一点を極めたティコ＝ブラーエ。そして、プラトンを系譜とする理想主義の中に身を置き、宇宙の背景に存在する法則を求めて自由な「発想」を持ち続けたヨハネス＝ケプラー。この二人が歴史の偶然によって邂逅し、力を合わせたことで楕円軌道の解明へと至り、そしてそれを突破口として17世紀の科学革命が達成されたのでした。これはある意味で、次のような物語としても捉えられないでしょうか。すなわち古代ギリシャを代表するプラトンとアリストテレスという二大哲学思想が、その後の人類史の中で別々の経路を旅しながらも受け継がれ、悠久の時を経て17世紀ヨーロッパにて遂に再会を果たし、それが近代から現代へと至る科学の出発点となったのだ、と。

もちろんこれはかなり恣意的な解釈ですし、科学革命の成因を単純に哲学思想史のみに帰するつもりはありません。近代科学の構築は、間違いなくティコやケプラーをはじめ科学者たち個々人の尋常ならざる努力の賜物でした。そしてまた、実際にはプラトンが観察結果を重視しなかったわけでも、アリストテレスが背景原理を気にしなかったわけでもありません。彼らの哲学はいずれも「理想主義」や「現実主義」といった一語で片付けることは到底できないほどの、壮大かつ奥深い思想体系であったことも明記しておくべきでしょう。

ただ、古代ギリシャ哲学史における一つの事実として、プラトンの教育の下では、彼の思想を継承しつつも新たに真逆の価値観を打ち立てて師を乗り越えていくアリストテレスという偉大な弟子が育ちましたが、アリストテレスのあとには「青は藍より出でて藍より青し」と言えるような大哲学者がついには出現しませんでした。それは決してアリストテレスの教育能力が低かったせいではなく、むしろアリストテレスの業績があまりに膨大かつ網羅的であったことが原因であるように思われます。プラトンはプラトンで「西洋哲学の歴史とはプラトンへの膨大な注釈である」と言われるほどの影響力を有していますが、アリストテレスもまた、古代から中世にかけてのあらゆる学問の骨格を作り上げるにとどまらず、一人でそれら全ての知識体系をほぼ完成させてしまった怪物でした。あえて現代の感覚に例えるならば、「ノーベル賞の全分野を何十年間もただ一人で受賞し続けている」ような存在感だったと言っても過言ではないと思います。アリストテレスの生徒達がいくら優秀であったとしても、そんな“万学の祖”に対して異を唱え、ましてや乗り越えることを期待するのは流石に無理があったと考えるべきでしょう。

しかしながら、ここまでの文章で長く辿ってきたように、我々人類は科学革命をやり遂げました。一代では到底無理であったことでも、先人の業績を書物に記して後世に伝え、社会の混乱の中でも知識をしっかりと受け継ぎ、吟味し、補足し、そして疑うという営みを積み重ねることで、惑星の楕円軌道を発見し、天動説から地動説への大転換を成功させました。2000年という長い長い時間をかけて、とうとうアリストテレス哲学の絶対の壁を打ち倒してみせたのです。アリストテレス以後のすべての哲学者・科学者が、アリストテレスの偉大な弟子でした。近代以降は万有引力説によって天/地の境界がなくなってしまいましたが、もしかしたらアリストテレスは天空のどこかで、地上で繰り広げられる人類史を見下ろしながら、科学革命の瞬間を今か今かと待ち望んでいたのではないでしょうか。そして、隣に立つプラトンに笑顔でこう告げたかもしれません。「ほら先生。私のかわいい弟子たちが、ついに私を乗り越えましたよ」と。

第5章　人間とは何か

いかがでしたでしょうか。天動説vs地動説というテーマは、単に「天が動いているか、地球が動いているか」という表現ではとても収まりきらない、数多くの人間の苦悩と葛藤、そして成功の物語を内包していること、そしてまた、現代物理学の根底にも直結する非常に高度な科学議論でもあることを、少しでも皆様に伝えることができていれば筆者として欣喜の至りです。

冒頭でも述べましたが、現代人はつい科学を「絶対の冷たい真理」のように感じてしまいがちです。専門化がどんどん進んで人々の日常生活のレベルから遠くかけ離れてしまう、あるいは細分化が徹底されて科学者であっても領域が少し違うだけで途端に話が分からなくなってしまう。そういった場面が多くなると、やはり「人情を解さない論理的正しさ」のみが目についてしまうのは、科学の性質上、仕方がないことかもしれません。

しかしながら、今回のように17世紀の科学革命を基軸として科学史全体を辿ってみると、科学はそういう面ばかりじゃないんだと思い出すことができます。科学は決して絶対のものでもなければ、冷たいものでもありません。絶対と思われたアリストテレスの知識体系を疑い、乗り越え、そしてまた絶対と思われたニュートン物理学を疑い、乗り越え、そのようにして科学は発展してきました。一方で、何もかもを疑って否定するばかりが科学というわけでもありません。ケプラーが楕円軌道に気付けたのは、ティコが遺した観測データを最後の最後まで信頼しきったからこそでした。

科学をめぐる物語は科学それのみでは成立しません。宗教、哲学、歴史、文化、そして科学者一人ひとりの考え方や生き様、それら全てが絡みあった“生きた科学史”にこそ、人類が辿ってきた本当の道筋があります。だからこそ、そういったあらゆる要素を盛り込み、人間的観点から天動説vs地動説を一つの大きな流れとして捉える試みとして、この「人間ドラマとしての科学革命」を著させていただきました。

あらためて考えてみると不思議なものです。もしも太陽系に地球以外の惑星が存在せず、大地から見上げる空に逆行運動をする星の姿が無かったら、人間はここまで科学を発展させることはできなかったかもしれません。少なくとも、宇宙論に関しては古代ギリシャにおける初期の天動説のまま、何の進歩も見られなかった可能性さえあるのです。

人類が夜空を見上げた時、星々が互いの位置関係を保ったまま円を描いて回転することに気付いた一方で、数個の星だけは行ったり来たりの不規則な運動をしていました。現代日本人はそれを「惑星」(惑う星)と呼びますが、古代ギリシャ人は「さまよう人」の意味で“ΠΛΑΝΗΤΗΣ”(PLANETES;プラネテス)と名付けました。このたった数個の星の軌道をきれいに計算するために人類は右往左往し、そうして随分と長い間、天動説という誤った森の中を「ああでもない、こうでもない」とさまよい続けたのです。

しかし結果的には、そのおかげで人類はとうとう楕円軌道という秘密に気付き、天地をつなぐ万有引力の法則に至り、近現代物理学によって地動説に基づく明瞭な宇宙像を確立することができました。この宇宙に“プラネテス”が存在したからこそ、そしてまた人間自身が“プラネテス”となって科学史の中をさまよい続けたからこそ、我々は無限に近い宇宙の果てまでをも推測するすべを身に付けることができたのです。科学史のこうした道筋は、我々一人ひとりの日々の歩みを考える上でも非常に示唆に富んでいるように感じます。

現代物理学で明らかになった光の性質は、重力によって歪みが生じた空間の中であっても、必ず目的地までの最短距離となる経路を進んでいくというものでした。一方で、我々人間はなかなかそういうふうに生きることはできません。壁にぶつかっては迷い、悩み、こうだと思って進んだ道が間違っていると気付いてはまた引き返し、あとになって振り返ってみると「なんでこんなに遠回りをしてしまったのだろう」と思ってしまうことばかりです。しかし、人類が約2000年間も天動説という遠回りをしたことが決して無駄ではなかったように、我々一人ひとりもまた、人生において、迷いながら悩みながら進んだからこそ得られたものが必ずあるのではないでしょうか。

現代では、たとえ子供でも教科書を読めば地動説が正しいと知ることができます。そして大人を含めて誰であっても、科学史の世界にさらに一歩踏み込めば、地動説がなぜ正しいのかという理由についてもすぐに納得することができます。数えきれない科学者が何千年もかけてようやく見出した答えに、信じられないほどの短時間でたどりつける。そんな近道を皆が通ります。しかし天動説vs地動説の物語で私たちが心にとめるべきは、「遠回りをしたからこそ、その近道に気付くことができた」ということです。

どんな人間も、あるいはどんな文明も、天空をまっすぐ駆け抜ける光のように最初から近道を探し当てることなんてできません。地面を一歩一歩踏み進みながら何度も遠回りをし、何度も試行錯誤して、少しずつ近道が見えてくる。だからこそ価値があるのです。そして、そうやって人類が積み重ねた知識は、かつてあんなに遠かった天空と地上すら繋ぎ、あんなに速かった光速すらも超えて、いまや無限に広いこの宇宙の果てにすら至ろうとしている。これは人間の尊さの極致ではないでしょうか。

人間とは何か。その問いに答えるためのヒントがもし、どれだけ遠回りをしようとも目標に近づくことをあきらめず、様々な困難に右往左往しながらも毎日少しずつ歩を進めていく“プラネテス”の物語の中にあるとするならば、その最たるものが他ならぬ科学という営みであり、そしてそれを我々にもっともよく教えてくれる史実こそが、天動説と地動説をめぐる、つまりは“惑星”をめぐる、2000年来の壮大な人間ドラマなのかもしれません。

◆補足1◆　科学革命の定義

科学革命（Scientific Revolution）という語は、もともとイギリスの歴史家ハーバート＝バターフィールドが1949年に『近代科学の誕生』の中で17世紀の科学革命に対して命名したものですが、その後はアメリカの哲学者トーマス＝クーンが1962年の『科学革命の構造』の中でscientific revolutionと小文字で表して一般名詞化し、科学が発展する際の変革すべてを表す語として使われるようになりました[38]。

トーマス＝クーンの『科学革命の構造』は、現在は社会の各所で耳にするようになった“パラダイムシフト”という言葉を最初に提唱したことでも有名です。彼は、科学が発展する際には「科学革命」という名のパラダイムシフトが生じるとし、その間の期間を「通常科学」と呼称しました。科学の発展はそれまで連続的・累積的な曲線のイメージで捉えられていましたが、彼の提唱したパラダイム論では断続的・段階個別的なものとなり、20世紀後半の科学哲学界（「科学とは何か」を研究する学問を科学哲学と言います）において大きな物議を醸しました[39]。

---

*38 本稿においては、主に大文字のScientific Revolution、つまり17世紀の科学革命を意味する語として使用しております。

*39 ちなみに“パラダイム”という言葉の使い方が曖昧だという批判を受けて、彼は後年“専門母型”という言葉に変更して厳密に定義し直していますが、こちらはあまり人口に膾炙していません。本来は、科学者達が研究をする上で規範となるような業績のことを指す言葉でした。現在は、社会一般における“パラダイム”は、その時代の常識、あるいは考え方の枠組という趣旨で用いられることが多いです。

20世紀後半の思想界は様々な既成の権威を攻撃しようという潮流があり、クーンの論も「科学という権威を打倒するもの」として科学否定派から担ぎ上げられ、その誤解ゆえに過剰に反論されてしまった面がありました。クーンはたしかに科学にまとわりつく進歩史観信仰（＝科学は一方向的にどんどん発展して世の中を良くしているに決まっている！という考え方）には異を唱えましたが、科学そのものの営みについて否定するつもりはなく、むしろ敬意を表していました。

現在では科学革命の語とともに、クーンのパラダイム論はある程度正しいものとして世の中に受け入れられています。ただし、科学の発展と称されるあらゆる業績が「科学革命」だというわけではありません。ノーベル賞クラスの発見は全て科学の発展に寄与したと解釈してよいと思いますが、その中にはクーンが想定するパラダイムシフトの定義を満たさないのではないかと疑われる事例も多くあります。

また、クーンが言うところの「通常科学」が後世の科学に果たす貢献についても、我々はしっかりと認識しておくべきでしょう（クーン自身も通常科学の重要性を説きましたが、それはあくまで同一パラダイム内での話にとどまっています）。天動説の時代に得られた直接的な知見の多くは、たしかに現代においてほとんど使い物にならないかもしれませんが、たとえば数多くの周転円軌道を計算するために発達した数学技術は、17世紀の科学革命を遂行するための最大の武器となったと同時に、近代そして現代もなお科学のあらゆる分野で役立っています。科学の発展には連続的・累積的な面も確かにあるということを、本稿を通じて読み取っていただければ幸いです。

◆補足2◆　表紙について

表紙の図は、16世紀ドイツの数学者・天文学者であったペトルス＝アピアヌスによって描かれた有名なコスモグラフィー（宇宙像を表現した図版）です。同時期にコペルニクスによって地動説が提唱されていましたが、世の中ではまだまだ定説としては認められておらず、この図も天動説に基づいたものとなっています。一方で、アピアヌスは1531年に出現した彗星を詳細に観測し、「彗星の尾は必ず太陽と反対を向いている」という重大な発見をします。その他にも人類史では様々な彗星が観測されていますが、1607年にはケプラーも（『新天文学』で惑星の楕円軌道の法則を発表する2年前であり、執筆作業の最中だったと思われますが）彗星の観測記録をしっかり残しています。

そして時は過ぎて1682年。イギリスの天文学者エドモンド＝ハレーが、その年に出現した彗星を観測し、過去の文献と照らし合わせたとき、あることに気付きました。「1531年のアピアヌスが見た彗星、1607年のケプラーが見た彗星、そして1682年の今自分が見ている彗星。これら3つは特徴が非常によく似ており、実は同じ彗星なのではないか？」と。これこそが“ハレー彗星”です。この彗星は太陽の周囲を、惑星よりもずっと扁平(へんぺい)な楕円を描いて、約75年という周期で公転していたのです。そして他のいろんな彗星も同様に太陽の周囲を回っていて、その途中で太陽に接近したとき、太陽からの放射圧によって後ろに尾が形成される現象が、地球からは「ほうき星」として観測されていたのでした。

太陽系の惑星はどれも楕円軌道と言いつつもほぼ正円ですが、彗星の軌道は明らかな楕円であり、ケプラーの法則にとっての視覚的な傍証となりました。

ちなみに、ハレーは同じ英国人であるニュートンの友人でもありました。ハレー彗星観測から2年後の1684年に二人は対談を行い、ここでニュートンの口から「万有引力の法則によって惑星および彗星の楕円軌道が導かれる」という話が出て、ハレーは驚きながら「その成果は絶対に世に発表するべきだ」と強く勧めます。実は、ニュートンは自分の中で計算を終えた時点で興味が薄れてしまい、本を執筆する気は無かったようで、その頃はまったく別分野の錬金術に没頭していました。そんなニュートンをハレーはなだめすかして原稿を書かせ、そしていざ出版という段になると、今度は王立協会が深刻な資金難に陥って費用を出せない状況になったため、なんとハレーが自分の懐から出版費を捻出して、1687年にようやく一冊の本が完成しました。それが『自然哲学の数学的諸原理（プリンキピア)』です。科学革命の象徴であり、近代科学の柱であり、人類史上で最重要とも言えるこの一冊が世に生まれ出た背景にもまた、なんとも人間らしい苦労話があったのです。

◆補足3◆　発刊日について

本著の発行日7月9日は、ケプラーがあの“正多面体太陽系モデル”の発想を得た日(1595年7月9日）です。なぜアイデアを考えついた正確な日までわかるのかというと、ケプラー自身が手記の中にこの日付をしっかりと記録しているからです。グラーツ大学での講義中に黒板に何かの図を書いているときに突然閃いたようで、『宇宙の神秘』の序文でも、「私がこの発見で得た喜びを言葉にして表すことは、私には決してできないだろう」と書いています。近現代科学からすれば結果的にデタラメでしかなかったこのトンデモ仮説の着想を、ケプラーは科学者としての純朴かつ至高の知的興奮をもって迎え、そしてその情熱こそが、ティコとの出会い、楕円軌道を含む三法則の発見、そして後世の万有引力の法則へと至る道筋を切り拓いたのでした。

論理的には誤りでしかない仮説が、巡り巡って真理へ近づく大きなきっかけを生む。単純な理屈のみでは予測しえないこういった展開こそ、人間社会の多様性の中で紡がれる科学という営みの妙味であり、その意味においても“正多面体太陽系モデル”の記念すべき生誕日は、「人間ドラマとしての科学革命」にとっても何より重要な起点だったのではないか。そのように考えている次第です。

◆参考文献◆

[1]『ヨハネス・ケプラー 近代宇宙観の夜明け』Arthur Koestler/著，小尾信彌/訳，木村博/訳（筑摩書房，2008）
[2]『誰も読まなかったコペルニクス』Owen J. Gingerich/著，柴田裕之/訳（早川書房，2005）
[3]『科学革命』Lawrence M. Principe，菅谷暁/訳，山田俊弘/訳（丸善出版，2014）
[4]『パラダイムと科学革命の歴史』中山茂（講談社，2013）
[5]『文明のなかの科学』村上陽一郎（青土社，1994）
[6] The Structure of Scientific Revolutions, Thomas S. Kuhn (University of Chicago Press, 1962)
[7]『COSMOS〈上〉』Carl E. Sagan/著，木村繁/訳（朝日新聞出版，2013）
[8]『COSMOS〈下〉』Carl E. Sagan/著，木村繁/訳（朝日新聞出版，2013）
[9]『中世の覚醒 アリストテレス再発見から知の革命へ』Richard E. Rubenstein/著，小沢千重子/訳（紀伊國屋書店，2008）
[10]『わが相対性理論』Albert Einstein/著，金子努/訳（白揚社，1973年）
[11]『論理哲学論』Ludwig Wittgenstein/著，山元一郎/訳（中央公論新社，2001年）
[12]『図説・標準 哲学史』貫成人（新書館，2008）
[13]『小数と対数の発見』山本義隆（日本評論社，2018）
[14]「FNの高校物理」http://fnorio.com/
[15]「世界史の窓」https://www.y-history.net/
[16]「天文学辞典」https://astro-dic.jp/
[17]「国立天文台 暦計算室」https://eco.mtk.nao.ac.jp/koyomi/

人間ドラマとしての科学革命 ～天動説vs地動説の本当の物語～
2020年7月9日 初版 発行
2025年7月9日 初版 第2刷 発行
著 者 柾葉 進（まさば すすむ）
発行者 星野 香奈（ほしの かな）
発行所 同人集合 暗黒通信団（https://ankokudan.org/d/）
〒277-8691 千葉県柏局私書箱54号 D係
本 体 400円 / ISBN978-4-87310-244-3 C0044
乱丁・落丁は在庫がある限りお取り替えいたします。
誰も光のようには生きられない。ならば人よ、暗黒たれ。